ΣBEST シグマベスト

高校 やさしくわかりやすい 数学B+ベクトル 問題集

松田親典 著

文英堂

はじめに

数学は難しくてわからないと思っている人や，数学は苦手だと思っている人は，ぜひこの問題集にチャレンジしてみてください。この本のほかにノートを用意して構える必要はありません。書きこみ式になっていますから。まずは問題を解いてみましょう。この問題集は**『高校やさしくわかりやすい数学B＋ベクトル』**に準拠していますが，もちろん，この問題集だけでも利用できます。では，始めましょう！

もくじ

数学 B

数学 C

本書の特長と使い方

❶参考書は勉強したけど，もっとたくさんの問題演習がしたい。

参考書にリンクした章立てなので，並行して使いやすくなっています。

参考書できちんと勉強した人は，はじめにある ポイント はとばしてもよいかもしれません。

❷説明はいいから，とにかく問題を解くことで力をつけたい。

ポイント には重要事項がまとめてあるので，もちろん参考書がなくても使うことができます。

問題を解いてわからないところを確認していく，という勉強法もあると思います。こういう場合は， ガイド で手順を確認してから問題を解くと，スムーズに取り組めるでしょう。

10 漸化式
参考書の単元のタイトルにそろえてあります。

ポイント
重要事項や公式をまとめました。復習や内容確認に利用できます。

ガイドなしでやってみよう！
ガイドはありません。実力を試してみましょう。

定期テスト対策問題
定期テストに出そうな問題を予想しました。配点，制限時間もあるので，実際の試験のように力試しをしてください。

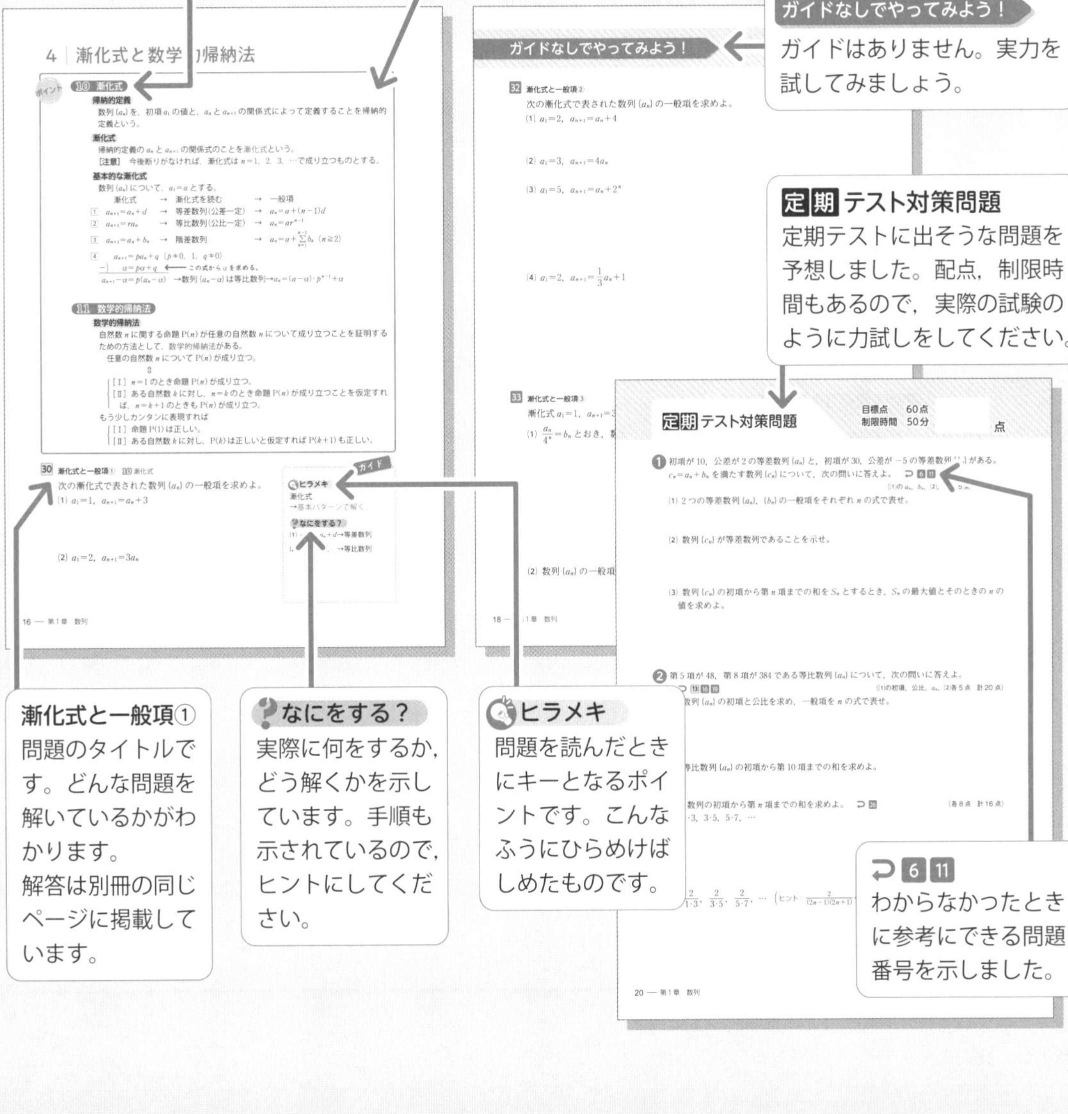

漸化式と一般項①
問題のタイトルです。どんな問題を解いているかがわかります。
解答は別冊の同じページに掲載しています。

なにをする？
実際に何をするか，どう解くかを示しています。手順も示されているので，ヒントにしてください。

ヒラメキ
問題を読んだときにキーとなるポイントです。こんなふうにひらめけばしめたものです。

⊃ 6 11
わからなかったときに参考にできる問題番号を示しました。

第1章　数列

1　等差数列

ポイント

① 数列とは

数列の定義　← 数学Bでは，数列は実数の範囲で考える。

ある規則に従って，数を順に並べたものを**数列**という。

数列の項

数列のそれぞれの数を，**項**という。はじめから順に第1項（**初項**ともいう），第2項，第3項，…，第 n 項，…と呼ぶ。また，項の番号を添え字（サフィックス）に書いて

a_1，a_2，a_3，a_4，a_5，…，a_n，…

のように書く。また，数列全体を $\{a_n\}$ と表すことも多い。

一般項

第 n 項 a_n を表す n の式を，数列の**一般項**という。

有限数列・無限数列　← 有限数列の項の数を項数という。

項の数が有限である数列を**有限数列**，無限である数列を**無限数列**という。

② 等差数列

等差数列

初項 a に次々と一定の数 d（← 公差という。）を加えて得られる数列を**等差数列**という。

$a_1=a$，$a_2=a+d$，$a_3=a+2d$，$a_4=a+3d$，…

初項 a，公差 d の等差数列 $\{a_n\}$ の一般項は　$\boldsymbol{a_n=a+(n-1)d}$

等差数列の条件

数列 $\{a_n\}$ が等差数列 $\iff a_n=pn+q$（p，q は定数）

$\iff a_{n+1}=a_n+d$（d は定数）

等差中項

3つの数 a，b，c がこの順で等差数列 $\iff \boldsymbol{2b=a+c}$

等差数列の性質

2つの等差数列 $\{a_n\}$，$\{b_n\}$ と定数 k に対して

①　数列 $\{ka_n\}$ は等差数列　　②　数列 $\{a_n+b_n\}$ は等差数列

調和数列

数列 $\left\{\dfrac{1}{a_n}\right\}$ が等差数列になるとき，数列 $\{a_n\}$ は**調和数列**であるという。

③ 等差数列の和

等差数列の和

等差数列 $\{a_n\}$ の初項 a から第 n 項 l までの和を S_n とする。

$$S_n=a_1+a_2+a_3+\cdots+a_n=\frac{1}{2}n(a+l)$$

さらに公差を d とすれば　$S_n=\dfrac{1}{2}n\{2a+(n-1)d\}$

次の等式はよく使う。

①　$1+2+3+\cdots+n=\dfrac{1}{2}n(n+1)$　　②　$1+3+5+\cdots+(2n-1)=n^2$

1 数列① 1 数列とは

次の数列 $\{a_n\}$ の規則を考え，一般項を n の式で表せ。

$1,\ -2,\ 3,\ -4,\ 5,\ \cdots$

2 等差数列① 2 等差数列

第 3 項が 12，第 10 項が 47 である等差数列 $\{a_n\}$ の，初項と公差を求め，一般項を n の式で表せ。

3 等差数列の和① 3 等差数列の和

次の等差数列の和を求めよ。

(1) 初項 12，末項 -36，項数 20

(2) 初項 2，公差 $\dfrac{1}{2}$，項数 10

ガイド

ヒラメキ

数列

→規則をみつける。

なにをする？

$1,\ -2,\ 3,\ -4,\ 5,\ \cdots$

を分解して規則を考える。

$1,\ 2,\ 3,\ 4,\ 5,\ \cdots$

$1,\ -1,\ 1,\ -1,\ 1,\ \cdots$

ヒラメキ

等差数列

→公差が一定。

なにをする？

等差数列

$\{a_n\}: a,\ a+d,\ a+2d,\ \cdots$

の一般項は

$a_n=a+(n-1)d$

ヒラメキ

等差数列の和

→公式は 2 種類。

なにをする？

順序を逆に並べて，縦に加える。

$$\begin{array}{rl} & S_n=a+(a+d)+\cdots+(l-d)+l \\ +) & S_n=l+(l-d)+\cdots+(a+d)+a \\ \hline & 2S_n=\underbrace{(a+l)+(a+l)+\cdots\cdots+(a+l)}_{n\text{ 個}} \end{array}$$

よって

$S_n=\dfrac{1}{2}n(a+l)$

↑ $l=a+(n-1)d$ だから

$S_n=\dfrac{1}{2}n\{2a+(n-1)d\}$

第1章 数列

ガイドなしでやってみよう！

4 数列②

数列 $\{a_n\}$ の第 n 項 a_n が次の式で表されるとき，この数列の初項から第 5 項までを書け。

(1) $a_n=(-2)^n$

(2) $a_n=n^2+1$

5 数列③

次の数列 $\{a_n\}$ の規則を考え，第 5 項と一般項を求めよ。

(1) $\frac{1}{4}$，$\frac{1}{2}$，$\frac{3}{4}$，1，$\square$，…

(2) 1，$\frac{1}{3}$，$\frac{1}{5}$，$\frac{1}{7}$，$\square$，…

6 等差数列②

次の等差数列 $\{a_n\}$ の一般項を求めよ。

(1) 2，6，10，14，…

(2) 8，3，-2，-7，…

7 等差中項

2，x，10 がこの順で等差数列をなすとき，x の値を求めよ。

8 等差数列③

第 2 項が 10 で第 8 項が -8 の等差数列 $\{a_n\}$ の初項と公差を求め，一般項を n の式で表せ。

9 等差数列④

等差数列をなす 3 つの数の和が 45，積が 2640 であるとき，この 3 つの数を求めよ。

10 等差数列の和②

初項から第 4 項までの和が 38 で，初項から第 10 項までの和が 185 である等差数列の初項から第 n 項までの和を求めよ。

11 等差数列の和の最大値

初項が 50，公差が -8 の等差数列 $\{a_n\}$ の初項から第 n 項までの和を S_n とするとき，S_n の最大値とそのときの n の値を求めよ。

2 等比数列と和の記号

ポイント

4 等比数列

等比数列

初項 a に次々と一定の数 r を掛けて得られる数列を等比数列という。（r を公比という。）

$a_1=a,\ a_2=ar,\ a_3=ar^2,\ a_4=ar^3,\ \cdots$

初項 a，公比 r の等比数列 $\{a_n\}$ の一般項は　$a_n=ar^{n-1}$

等比数列の条件

数列 $\{a_n\}$：等比数列 $\Longleftrightarrow a_{n+1}=a_nr$（$r$ は定数）

各項が 0 でない場合，$\dfrac{a_{n+1}}{a_n}=r$ と変形できる。

等比中項

3 つの数 a，b，c がこの順で等比数列 $\Longleftrightarrow b^2=ac$ （$\dfrac{b}{a}=\dfrac{c}{b}$）

等比数列の性質

2 つの等比数列 $\{a_n\}$，$\{b_n\}$ と定数 k に対して

① 数列 $\{ka_n\}$ は等比数列　② 数列 $\{a_n\cdot b_n\}$ は等比数列

③ 数列 $\left\{\dfrac{1}{a_n}\right\}$ は等比数列（ただし，数列 $\{a_n\}$ の各項は 0 ではない。）

5 等比数列の和

等比数列の和

初項が a，公比が r の等比数列 $\{a_n\}$ の初項から第 n 項までの和を S_n とすると

$$S_n=\begin{cases} na & (r=1) \\ a\cdot\dfrac{1-r^n}{1-r}=a\cdot\dfrac{r^n-1}{r-1} & (r\neq 1)\end{cases}$$

[注意]　等比数列の問題を解くときには，指数計算がよく現れる。$2\cdot 3^n\neq 6^n$ なので，まちがえないように気をつけること。

6 和の記号 Σ

和の記号 Σ

数列の和を表すのに $a_1+a_2+a_3+\cdots+a_n$ のように書いてきた。これを新しい記号“Σ”(シグマと読む)を用いて次のように表す。

$$a_1+a_2+a_3+\cdots+a_n=\sum_{k=1}^{n}a_k$$

[注意]　$\sum\limits_{k=1}^{n}a_k$ の k は変数のようなもの。問題文やそれまでの解答で使っていない文字ならどの文字を使ってもかまわない。

例　$1+2+3=\sum\limits_{k=1}^{3}k=\sum\limits_{i=1}^{3}i=\sum\limits_{p=1}^{3}p=\sum\limits_{n=1}^{3}n=\cdots$

12 等比数列① ④等比数列

次の等比数列 $\{a_n\}$ の第4項と一般項を求めよ。

(1) 1, 4, 16, □, …

(2) $3,\ -1,\ \frac{1}{3},\ □,\ \cdots$

13 等比数列の和① ⑤等比数列の和

次の等比数列の初項から第 n 項までの和 S_n を求めよ。

(1) 2, 6, 18, 54, …

(2) $1,\ -\frac{1}{2},\ \frac{1}{4},\ -\frac{1}{8},\ \cdots$

14 和の記号① ⑥和の記号Σ

次の和を求めよ。

(1) $\sum_{k=1}^{4} 2k$

(2) $\sum_{i=1}^{3} i^2$

(3) $\sum_{k=1}^{4} 3^{k-1}$

ガイド

ヒラメキ
等比数列
$\rightarrow a_n = ar^{n-1}$

なにをする？
初項と公比をみつける。
公比 $r = \frac{a_2}{a_1} = \frac{a_3}{a_2}$
一般に　$r = \frac{a_{n+1}}{a_n}$

ヒラメキ
等比数列の和
$\rightarrow S_n = \frac{a(1-r^n)}{1-r} = \frac{a(r^n-1)}{r-1}$ $(r \neq 1)$

なにをする？
公比 r の値によって，上の公式を使い分ける。

ヒラメキ
Σ→和の記号

なにをする？
$\sum_{k=1}^{n} a_k = a_1 + a_2 + \cdots + a_n$
$k=1,\ 2,\ 3,\ \cdots,\ n$ と順に代入して，具体的に書いてから計算する。

第1章 数列

ガイドなしでやってみよう！

15 **等比数列②**

次の等比数列 $\{a_n\}$ の第 5 項と一般項を求めよ。

(1) $\frac{1}{3}$, 1, 3, 9, $\square$, $\cdots$

(2) 8, -4, 2, -1, $\square$, $\cdots$

16 **等比数列③**

第 4 項が 24，第 7 項が -192 である等比数列 $\{a_n\}$ の一般項を求めよ。また，-3072 は第何項か答えよ。

17 **等比数列④**

等比数列をなす 3 つの数の和が 21，積が 216 であるとき，この 3 つの数を求めよ。

18 **等比中項**

3，x，12 がこの順で等比数列をなすとき，x の値を求めよ。

19 等比数列の和②

次の等比数列の初項から第 n 項までの和 S_n を求めよ。

(1) $4,\ -8,\ 16,\ \cdots$

(2) $3,\ 1,\ \frac{1}{3},\ \cdots$

20 等比数列の和③

第3項が12で，初項から第3項までの和が21である等比数列の初項と公比を求めよ。

21 和の記号②

次の和を求めよ。

(1) $\sum_{k=1}^{4} 3$

(2) $\sum_{k=1}^{3} 4k$

(3) $\sum_{k=1}^{8} 3\cdot 2^{k-1}$

3 いろいろな数列

ポイント

7 いろいろな数列の和

自然数の累乗の和

1. $\sum_{k=1}^{n} 1 = 1+1+1+\cdots+1 = n$
2. $\sum_{k=1}^{n} k = 1+2+3+\cdots+n = \frac{1}{2}n(n+1)$
3. $\sum_{k=1}^{n} k^2 = 1^2+2^2+3^2+\cdots+n^2 = \frac{1}{6}n(n+1)(2n+1)$
4. $\sum_{k=1}^{n} k^3 = 1^3+2^3+3^3+\cdots+n^3 = \left\{\frac{1}{2}n(n+1)\right\}^2 = \frac{1}{4}n^2(n+1)^2$

等比数列の和

$$\sum_{k=1}^{n} ar^{k-1} = \begin{cases} a+a+a+\cdots+a = na & (r=1) \\ a+ar+ar^2+\cdots+ar^{n-1} = a\cdot\dfrac{r^n-1}{r-1} & (r\neq1) \end{cases}$$

Σの性質

5. $\sum_{k=1}^{n}(a_k+b_k) = \sum_{k=1}^{n} a_k + \sum_{k=1}^{n} b_k$　　6. $\sum_{k=1}^{n} pa_k = p\sum_{k=1}^{n} a_k$　（p は定数）

部分分数分解を利用する和

ペアで 0

$$\frac{1}{1\cdot2}+\frac{1}{2\cdot3}+\frac{1}{3\cdot4}+\cdots+\frac{1}{n(n+1)} = \left(\frac{1}{1}-\frac{1}{2}\right)+\left(\frac{1}{2}-\frac{1}{3}\right)+\left(\frac{1}{3}-\frac{1}{4}\right)+\cdots+\left(\frac{1}{n}-\frac{1}{n+1}\right)$$

↑ $\frac{1}{k(k+1)} = \frac{1}{k} - \frac{1}{k+1}$

であるから

$$\sum_{k=1}^{n} \frac{1}{k(k+1)} = 1 - \frac{1}{n+1} = \frac{n}{n+1}$$

8 階差数列

階差数列

数列 $\{a_n\}$ に対して，$b_n = a_{n+1} - a_n$ （$n=1, 2, 3, \cdots$）とおくとき，数列 $\{b_n\}$ を数列 $\{a_n\}$ の階差数列という。

階差数列の和

a_1　a_2　a_3　a_4，$\cdots$，a_{n-1}，a_n，a_{n+1}，$\cdots$

$+$ $b_1 + b_2 + b_3 + \cdots + b_{n-1}$　b_n

数列 $\{a_n\}$ の階差数列を $\{b_n\}$ とすると

$$a_n = a_1 + \sum_{k=1}^{n-1} b_k \quad (n \geqq 2)$$

数列の和と一般項

数列 $\{a_n\}$ の初項 a_1 から第 n 項 a_n までの和が S_n で与えられているとき

$$a_1 = S_1,\quad a_n = S_n - S_{n-1} \quad (n \geqq 2)$$

9 群に分けられた数列

群に分けられた数列 ←── 群数列とよぶ。

数列を，ある規則に従って群に分けて考えることがある。分けられた群を前から順に，第 1 群，第 2 群，第 3 群，…という。次の事柄を考えることが多い。

- 第 n 群の最初の項はもとの数列の何番目か。
- 第 n 群の最初の項を n の式で表す。

22 Σの公式① 7 いろいろな数列の和

次の Σ で表された和を求めよ。

(1) $\sum_{k=1}^{n}(2k-1)^2$

(2) $\sum_{k=1}^{n}2\cdot3^{k-1}$

23 階差数列① 8 階差数列

数列 $\{a_n\}$：2，3，5，9，17，…の一般項を求めよ。

24 群数列① 9 群に分けられた数列

自然数の列 $\{a_n\}$ を次のように，第 n 群の項数が $2n-1$ となるように分けるとき，第 n 群の最初の項を n の式で表せ。

1 | 2，3，4 | 5，6，7，8，9 | 10，…

ガイド

ヒラメキ

和の計算

→公式を使って計算。

なにをする？

(1)は，まず展開して，

$\sum_{k=1}^{n}(4k^2-4k+1)$

$=4\sum_{k=1}^{n}k^2-4\sum_{k=1}^{n}k+\sum_{k=1}^{n}1$

として公式を適用する。

(2)の $\sum_{k=1}^{n}2\cdot3^{k-1}$ は，等比数列の和。初項，公比，項数を確認する。

ヒラメキ

階差数列

→階差をとってその一般項を求める。

なにをする？

・階差数列 $\{b_n\}$ の一般項 b_n を n で表す。

・$n\geqq2$ のとき ← $n-1$ に注意。

$a_n=a_1+\sum_{k=1}^{n-1}b_k$ ← b_k に直す。

・$n=1$ のときに成り立つかどうかを確かめる。

ヒラメキ

群数列

→ ・もとの数の列が，数列をなす。
・群に分けたとき，各群に属する項数が数列をなす。

なにをする？

まず，「第 n 群の最初の項はもとの数列の何番目か」と自分に問いかける。

この問題では

$\underbrace{1+3+5+\cdots+(2n-3)}_{n-1\text{個}}+1$ 番目

ガイドなしでやってみよう！

25 **Σの公式②**

次の和を求めよ。

(1) $\sum_{k=1}^{n} k(k+1)$

(2) $\sum_{k=1}^{n} k^2(k+3)$

(3) $\sum_{k=1}^{n} 3\cdot 4^{k-1}$

26 **いろいろな数列の和**

次の和を求めよ。

(1) $5+8+11+\cdots+(3n+2)$

(2) $\frac{1}{2^2-1}+\frac{1}{4^2-1}+\frac{1}{6^2-1}+\cdots+\frac{1}{(2n)^2-1}$ $\left(ヒント：\frac{1}{(2k-1)(2k+1)}=\frac{1}{2}\left(\frac{1}{2k-1}-\frac{1}{2k+1}\right)\right)$

27 階差数列②

次の数列 $\{a_n\}$ の一般項を求めよ。

(1) 2, 4, 7, 11, 16, …

(2) 2, 3, 6, 15, 42, …

28 数列の和と一般項

数列 $\{a_n\}$ の初項から第 n 項までの和が $S_n=3n^2-2n$ であるとき，一般項を求めよ。

29 群数列②

正の奇数の列を次のように，第 n 群の項数が $2n$ となるように分けるとき，次の問いに答えよ。

1, 3 | 5, 7, 9, 11 | 13, 15, 17, 19, 21, 23 | …

(1) 第 n 群の最初の項を求めよ。

(2) 第 n 群の $2n$ 個の項の和 S_n を求めよ。

4 漸化式と数学的帰納法

ポイント

10 漸化式

帰納的定義

数列 $\{a_n\}$ を，初項 a_1 の値と，a_n と a_{n+1} の関係式によって定義することを帰納的定義という。

漸化式

帰納的定義の a_n と a_{n+1} の関係式のことを漸化式という。

[注意] 今後断りがなければ，漸化式は $n=1, 2, 3, \cdots$ で成り立つものとする。

基本的な漸化式

数列 $\{a_n\}$ について，$a_1=a$ とする。

	漸化式	→	漸化式を読む	→	一般項
1	$a_{n+1}=a_n+d$	→	等差数列（公差一定）	→	$a_n=a+(n-1)d$
2	$a_{n+1}=ra_n$	→	等比数列（公比一定）	→	$a_n=ar^{n-1}$
3	$a_{n+1}=a_n+b_n$	→	階差数列	→	$a_n=a+\sum_{k=1}^{n-1}b_k\ (n\geqq 2)$

4　$a_{n+1}=pa_n+q\ (p\neq 0,\ 1,\ q\neq 0)$

$-)\quad \alpha=p\alpha+q$ ⟵ この式から α を求める。

$a_{n+1}-\alpha=p(a_n-\alpha)$ →数列 $\{a_n-\alpha\}$ は等比数列→$a_n=(a-\alpha)\cdot p^{n-1}+\alpha$

11 数学的帰納法

数学的帰納法

自然数 n に関する命題 $\mathrm{P}(n)$ が任意の自然数 n について成り立つことを証明するための方法として，数学的帰納法がある。

任意の自然数 n について $\mathrm{P}(n)$ が成り立つ。

⇕

[Ⅰ] $n=1$ のとき命題 $\mathrm{P}(n)$ が成り立つ。
[Ⅱ] ある自然数 k に対し，$n=k$ のとき命題 $\mathrm{P}(n)$ が成り立つことを仮定すれば，$n=k+1$ のときも $\mathrm{P}(n)$ が成り立つ。

もう少しカンタンに表現すれば

[Ⅰ] 命題 $\mathrm{P}(1)$ は正しい。
[Ⅱ] ある自然数 k に対し，$\mathrm{P}(k)$ は正しいと仮定すれば $\mathrm{P}(k+1)$ も正しい。

30 漸化式と一般項① 10 漸化式

次の漸化式で表された数列 $\{a_n\}$ の一般項を求めよ。

(1) $a_1=1,\ a_{n+1}=a_n+3$

(2) $a_1=2,\ a_{n+1}=3a_n$

ガイド

ヒラメキ

漸化式
→基本パターンで解く。

なにをする？

(1) $a_{n+1}=a_n+d$→等差数列

(2) $a_{n+1}=ra_n$ →等比数列

(3) $a_1=1$, $a_{n+1}=a_n+3n+1$

(4) $a_1=2$, $a_{n+1}=2a_n+3$

31 **数学的帰納法①**　11 数学的帰納法

n を自然数とするとき，次の等式を証明せよ。

$1+2+2^2+\cdots+2^{n-1}=2^n-1$　…①

ガイド

なにをする？

(3) $a_{n+1}=a_n+b_n$→階差数列

$\sum_{k=1}^{n}k=\frac{1}{2}n(n+1)$ より

$\sum_{k=1}^{n-1}k=\frac{1}{2}(n-1)n$

(4)
$$\begin{array}{rl} & a_{n+1}=pa_n+q \\ -) & \quad\alpha=p\alpha+q \\ \hline & a_{n+1}-\alpha=p(a_n-\alpha) \end{array}$$

より，数列 $\{a_n-\alpha\}$ は等比数列。

ヒラメキ

n：自然数のときの証明

→数学的帰納法

なにをする？

[Ⅰ] $n=1$ のときに成り立つことをいう。

[Ⅱ] $n=k$ のときに成り立つと仮定して，$n=k+1$ のときに成り立つことをいう。

・数学的帰納法では証明する手順が決まっているので覚えてしまおう。

・$n=k+1$ に対する①を意識しながら変形することを心がける。

第1章 数列

ガイドなしでやってみよう！

32 漸化式と一般項②

次の漸化式で表された数列 $\{a_n\}$ の一般項を求めよ。

(1) $a_1=2,\ a_{n+1}=a_n+4$

(2) $a_1=3,\ a_{n+1}=4a_n$

(3) $a_1=5,\ a_{n+1}=a_n+2^n$

(4) $a_1=2,\ a_{n+1}=\dfrac{1}{3}a_n+1$

33 漸化式と一般項③

漸化式 $a_1=1,\ a_{n+1}=3a_n+4^{n+1}$ について，次の問いに答えよ。

(1) $\dfrac{a_n}{4^n}=b_n$ とおき，数列 $\{b_n\}$ の一般項を求めよ。

(2) 数列 $\{a_n\}$ の一般項を求めよ。

34 数学的帰納法②

n を自然数とする。$1^3+2^3+3^3+\cdots+n^3=\dfrac{1}{4}n^2(n+1)^2$ を証明せよ。

35 漸化式と数学的帰納法

漸化式 $a_1=\dfrac{1}{2}$，$a_{n+1}=-\dfrac{1}{a_n-2}$ で定められる数列 $\{a_n\}$ がある。

(1) a_2，a_3，a_4 を求め，a_n を推測せよ。

(2) (1)で推測した a_n が正しいことを数学的帰納法を用いて示せ。

定期テスト対策問題

目標点　60点
制限時間　50分

点

1 初項が 10，公差が 2 の等差数列 $\{a_n\}$ と，初項が 30，公差が -5 の等差数列 $\{b_n\}$ がある。$c_n=a_n+b_n$ を満たす数列 $\{c_n\}$ について，次の問いに答えよ。 ⮌ 6 11

（(1)の a_n，b_n，(2)，(3)各 5 点　計 20 点）

(1) 2 つの等差数列 $\{a_n\}$，$\{b_n\}$ の一般項をそれぞれ n の式で表せ。

(2) 数列 $\{c_n\}$ が等差数列であることを示せ。

(3) 数列 $\{c_n\}$ の初項から第 n 項までの和を S_n とするとき，S_n の最大値とそのときの n の値を求めよ。

2 第 5 項が 48，第 8 項が 384 である等比数列 $\{a_n\}$ について，次の問いに答えよ。
⮌ 13 16 19

（(1)の初項，公比，a_n，(2)各 5 点　計 20 点）

(1) 数列 $\{a_n\}$ の初項と公比を求め，一般項を n の式で表せ。

(2) 等比数列 $\{a_n\}$ の初項から第 10 項までの和を求めよ。

3 次の数列の初項から第 n 項までの和を求めよ。 ⮌ 26　（各 8 点　計 16 点）

(1) $1\cdot3$，$3\cdot5$，$5\cdot7$，…

(2) $\dfrac{2}{1\cdot3}$，$\dfrac{2}{3\cdot5}$，$\dfrac{2}{5\cdot7}$，…　（ヒント：$\dfrac{2}{(2n-1)(2n+1)}=\dfrac{1}{2n-1}-\dfrac{1}{2n+1}$）

4 次の問いに答えよ。 ⮌ 23 27 28 (各 9 点 計 18 点)

(1) 数列 $\{a_n\}$：2，5，6，5，2，-3，…の一般項を求めよ。

(2) 数列 $\{a_n\}$ の初項から第 n 項までの和が $S_n=n^3+1$ であるとき，一般項を求めよ。

5 自然数の列を次のように，第 n 群の項数が 2^{n-1} となるように分けるとき，次の問いに答えよ。 ⮌ 24 29 (各 8 点 計 16 点)

1 | 2，3 | 4，5，6，7 | 8，9，10，11，12，13，14，15 | …

(1) 第 n 群の最初の項を求めよ。

(2) 第 n 群の 2^{n-1} 個の項の和 S_n を求めよ。

6 漸化式 $a_1=2$，$a_{n+1}=4a_n-3$ で定義される数列 $\{a_n\}$ の一般項を求めよ。 ⮌ 30 32 (10 点)

第2章　統計的な推測

1　確率変数の平均・分散・標準偏差

ポイント

12　確率分布

確率分布と確率変数　変数 X のとり得る値 $x_1,\ x_2,\ \cdots,\ x_n$ に対して，これらの値をとる確率がそれぞれ $p_1,\ p_2,\ \cdots,\ p_n$ と定まっているとき，X を確率変数という。
$p_1 \geqq 0,\ p_2 \geqq 0,\ \cdots,\ p_n \geqq 0$ であり，$p_1+p_2+\cdots+p_n=1$ である。
このとき，右の表のような $x_1,\ x_2,\ \cdots,\ x_n$ と $p_1,\ p_2,\ \cdots,\ p_n$ の対応関係を，確率変数 X の確率分布または分布といい，X はこの分布に従うという。また，$X=x_i$ となる確率 p_i を，$P(X=x_i)$ と表すこともある。

X	x_1	x_2	$\cdots$	x_n	計
P	p_1	p_2	$\cdots$	p_n	1

13　確率変数の平均・分散・標準偏差

平均　確率変数 X が右の表の確率分布に従うとき，次の式で定義される値を確率変数 X の平均といい，$E(X)$ で表す。

X	x_1	x_2	$\cdots$	x_n	計
P	p_1	p_2	$\cdots$	p_n	1

$$E(X)=x_1p_1+x_2p_2+\cdots+x_np_n=\sum_{i=1}^{n}x_ip_i$$

［注意］　平均は，期待値ともいう。また，$E(X)$ は $m,\ \mu,\ \overline{X}$ などと表す。

分散・標準偏差　$E(X)=m$ とする。
$X-m$ を X の平均からの偏差という。そして，確率変数 $(X-m)^2$ の平均を X の分散といい，$V(X)$ で表す。　←（分散）=（偏差の 2 乗の平均）

$$V(X)=E((X-m)^2)=(x_1-m)^2p_1+(x_2-m)^2p_2+\cdots+(x_n-m)^2p_n$$
$$=\sum_{i=1}^{n}(x_i-m)^2p_i$$

分散 $V(X)$ は，次のように計算することもできる。

$$V(X)=E(X^2)-\{E(X)\}^2$$
←（分散）=（2 乗の平均）−（平均の 2 乗）

また，$V(X)$ の正の平方根を，確率変数 X の標準偏差といい，$\sigma(X)$ と表す。

$\sigma(X)=\sqrt{V(X)}$　（標準偏差の単位は，確率変数の単位と同じになる。）

14　確率変数 $aX+b$ の平均・分散・標準偏差

$aX+b$ の平均・分散・標準偏差

確率変数 X と定数 $a,\ b$ に対し，$aX+b$ もまた確率変数となる。
このとき，次の公式が成り立つ。

$$E(aX+b)=aE(X)+b$$
$$V(aX+b)=a^2V(X)$$
$$\sigma(aX+b)=|a|\sigma(X)$$

X	x_1	x_2	$\cdots$	x_n	計
P	p_1	p_2	$\cdots$	p_n	1
$aX+b$	ax_1+b	ax_2+b	$\cdots$	ax_n+b	

1 確率分布① 12 確率分布

1 から 10 までの数から 1 つの数を選び，その数を 3 で割ったときの余りを X とする。確率変数 X の確率分布を求めよ。

2 平均・分散・標準偏差① 13 確率変数の平均・分散・標準偏差

確率変数 X の確率分布が，右の表のようになるとき，平均 $E(X)$，分散 $V(X)$，標準偏差 $\sigma(X)$ を求めよ。

X	1	2	3	計
P	$\frac{1}{5}$	$\frac{3}{5}$	$\frac{1}{5}$	1

3 X の 1 次式① 14 確率変数 $aX+b$ の平均・分散・標準偏差

確率変数 X が $E(X)=50$，$V(X)=4$ を満たすとき，確率変数 $3X+5$ の平均，分散，標準偏差を求めよ。

ガイド

ヒラメキ

確率分布を求めよ。
→表を作る。

なにをする？

3 で割ったときの余りであるから，X のとり得る値は 0，1，2 である。
$X=0$，1，2 となる確率をそれぞれ求めて表にまとめる。

ヒラメキ

平均・分散・標準偏差を求めよ。→公式を用いる。

なにをする？

平均は XP の合計である。
$E(X)=m$ とするとき，分散は $(X-m)^2P$ の合計である。
また，$V(X)=E(X^2)-m^2$ で求めることもできる。
標準偏差は，分散の正の平方根である。

ヒラメキ

$aX+b$ の平均・分散・標準偏差を求めよ。→公式を用いる。

なにをする？

a，b を定数とするとき，
$E(aX+b)=aE(X)+b$
$V(aX+b)=a^2V(X)$
$\sigma(aX+b)=|a|\sigma(X)$
が成り立つ。

ガイドなしでやってみよう！

4 **確率分布②**

1 から 5 までの数が 1 つずつ書かれた 5 個の玉が入っている袋(ふくろ)から同時に 2 個の玉を取り出し，書かれた数の大きい方を X とする。確率変数 X の確率分布を求めよ。

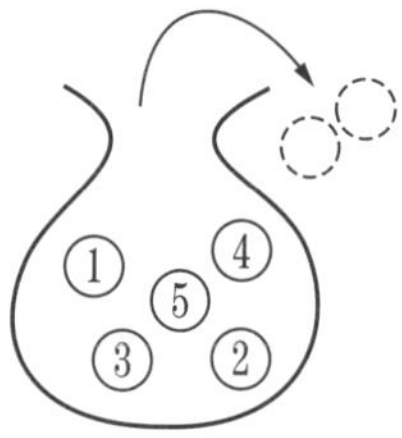

5 **平均・分散・標準偏差②**

確率変数 X の確率分布が右の表のようになっているとき，X の平均，分散，標準偏差を求めよ。

X	3	4	5	6	8	計
P	$\frac{2}{10}$	$\frac{3}{10}$	$\frac{2}{10}$	$\frac{1}{10}$	$\frac{2}{10}$	1

6 **X の 1 次式②**

1 個のさいころを投げて出る目の数を X とすると，$E(X)=\frac{7}{2}$，$V(X)=\frac{35}{12}$ である。このとき，確率変数 $-6X+11$ の平均，分散を求めよ。

7 平均・分散・標準偏差③

赤玉 3 個と白玉 4 個が入っている袋から同時に 2 個の玉を取り出すとき，その中の赤玉の個数を X とする。確率変数 X の平均，分散，標準偏差を求めよ。

8 平均・分散・標準偏差と X の 1 次式

50 円硬貨(こうか)を 3 枚投げて表が出る枚数を X とするとき，次の問いに答えよ。

(1) 確率変数 X の平均，分散，標準偏差を求めよ。

(2) 表が出た 50 円硬貨の金額の和に 100 円を加えた金額を受け取るとき，受け取る金額の平均と分散を求めよ。

2 複数の確率変数

ポイント

15 確率変数の和の平均

2 つの確率変数の平均

2 つの確率変数 X，Y に対して

$\boldsymbol{E(X+Y)=E(X)+E(Y)}$

$\boldsymbol{E(aX+bY)=aE(X)+bE(Y)}$ (a，b は定数)

3 つの確率変数の平均

3 つの確率変数 X，Y，Z に対して

$\boldsymbol{E(X+Y+Z)=E(X)+E(Y)+E(Z)}$

16 独立な確率変数

確率変数の独立

確率変数 X のとる任意の値 a と，確率変数 Y のとる任意の値 b に対して，

$\boldsymbol{P(X=a,\ Y=b)=P(X=a)\cdot P(Y=b)}$

が成り立つとき，X と Y は独立であるという。

試行 S，T が独立であるとき，S，T に関する確率変数 X，Y は独立である。

確率変数の積の平均

確率変数 X，Y が独立のとき

$\boldsymbol{E(XY)=E(X)E(Y)}$

[注意]　$E(X^2)=E(X)\times E(X)$ は成り立たない。

$E(X^2)$ は，$V(X)=E(X^2)-\{E(X)\}^2$ を，$E(X^2)=V(X)+\{E(X)\}^2$ と変形して求める。

確率変数の和の分散

確率変数 X，Y が独立であるとき

$\boldsymbol{V(X+Y)=V(X)+V(Y)}$

$\boldsymbol{V(aX+bY)=a^2V(X)+b^2V(Y)}$ (a，b は定数)

17 二項分布

二項分布

ある試行 T において，事象 A の起こる確率を p とする。この試行を n 回繰り返す反復試行において，事象 A の起こる回数を X とすれば，X は確率変数で，$r=0$，1，2，…，n に対して，$X=r$ となる確率は，

$\boldsymbol{P(X=r)={}_n\mathrm{C}_r p^r q^{n-r}}$　…①　(ただし，$q=1-p$)

となる。①によって得られる確率分布を二項分布といい，$\boldsymbol{B(n,\ p)}$ で表す。

二項分布に従う確率変数の平均・分散

確率変数 X が，二項分布 $B(n,\ p)$ に従うとき

$\boldsymbol{E(X)=np}$，$\boldsymbol{V(X)=npq}$　(ただし，$q=1-p$)

9 **確率変数の和と積①**　15 確率変数の和の平均，16 独立な確率変数

確率変数 X の平均が5，分散が4で，確率変数 Y の平均が6，分散が3であり，X と Y が互いに独立であるとき，次の問いに答えよ。

(1) 確率変数 $X+Y$ の平均と分散を求めよ。

(2) 確率変数 $3X+5Y$ の平均と分散を求めよ。

(3) 確率変数の積 XY の平均を求めよ。

10 **2つの確率変数①**　16 独立な確率変数

赤玉2個と白玉1個が入っている袋(ふくろ)から，Aが1個取り出し，玉をもどさずに続けてBが1個取り出すとき，A，Bが取り出した赤玉の個数をそれぞれ X，Y とする。このとき，$P(X=i,\ Y=j)$ $(i=0,\ 1\ ;\ j=0,\ 1)$ を求め，確率分布の表を完成せよ。

X \ Y	0	1	計
0			
1			
計			

11 **二項分布の平均と分散①**　17 二項分布

AとBがじゃんけんを5回する。Aの勝つ回数を X とするとき，確率変数 X の平均と分散を求めよ。

ガイド

ヒラメキ
2つの確率変数の和や積の平均。→公式を利用する。

なにをする？
(1) $E(X+Y)=E(X)+E(Y)$
X，Y が互いに独立のとき
$V(X+Y)=V(X)+V(Y)$
(2) a，b を定数とするとき
$E(aX+bY)$
$=aE(X)+bE(Y)$
X，Y が互いに独立のとき
$V(aX+bY)$
$=a^2V(X)+b^2V(Y)$
(3) X，Y が互いに独立のとき
$E(XY)=E(X)E(Y)$

ヒラメキ
玉を続けて取り出す。
→条件付き確率を用いる。

なにをする？
玉の取り出し方を考え，確率の乗法定理を用いる。
事象 E が起こったという条件のもとで事象 F の起こる条件付き確率 $P_E(F)$ を用いて
$P(E\cap F)=P(E)P_E(F)$
と計算する。

ヒラメキ
二項分布の平均と分散を求めよ。→公式を用いる。

なにをする？
確率変数 X が二項分布 $B(n,\ p)$ に従うとき
$E(X)=np$
$V(X)=npq$ $(q=1-p)$

ガイドなしでやってみよう！

12 確率変数の和と積②

確率変数 X の平均が 8，分散が 4 で，確率変数 Y の平均が 7，分散が 5 であり，X と Y が互いに独立であるとき，次の問いに答えよ。

(1) 確率変数 $X+Y$ の平均と分散を求めよ。

(2) 確率変数 $2X+3Y$ の平均と分散を求めよ。

(3) 確率変数の積 XY の平均を求めよ。

13 2つの確率変数②

2つの確率変数 X，Y の確率分布が右の表のようになっているとき，次の問いに答えよ。

X \ Y	4	5	計
1	0.1	0.3	0.4
2	0.1	0.2	0.3
3	0.2	0.1	0.3
計	0.4	0.6	1

(1) 平均 $E(X)$，$E(Y)$ をそれぞれ求めよ。

(2) 確率変数 $X+Y$ の確率分布を求め，平均 $E(X+Y)$ を求めよ。

(3) $E(X+Y)=E(X)+E(Y)$ は成り立つか，調べよ。

(4) 確率変数 XY の確率分布を求め，平均 $E(XY)$ を求めよ。

(5) 2 つの確率変数 X，Y は独立かどうか，調べよ。

14 二項分布の平均と分散②

確率変数 X が次の二項分布に従うとき，X の平均と分散を求めよ。

(1) $B\left(40,\ \frac{1}{3}\right)$

(2) $B\left(100,\ \frac{1}{5}\right)$

15 二項分布の平均と分散③

1 個のさいころを 5 回投げて，1 の目が出る回数を X とするとき，確率変数 X の平均と分散を求めよ。

定期テスト対策問題

目標点 60点
制限時間 50分

点

1 2個のさいころを同時に投げて，出た目の数のうち大きくない方を X とするとき，確率変数 X の確率分布を求めよ。 ⮌ 1 4 （10点）

2 確率変数 X の確率分布が，右の表で与えられているとき，次の問いに答えよ。 ⮌ 2 3 5 6 7 8

（各4点　計28点）

X	1	2	3	4	計
P	$\frac{4}{10}$	$\frac{3}{10}$	$\frac{2}{10}$	$\frac{1}{10}$	1

(1) 確率変数 X の平均 $E(X)$，分散 $V(X)$，標準偏差 $\sigma(X)$ を求めよ。

(2) 確率変数 $3X$ の平均と分散を求めよ。

(3) 確率変数 $2X+3$ の平均と分散を求めよ。

3 確率変数 X の平均が6，分散が3で，確率変数 Y の平均が5，分散が2であり，X，Y が互いに独立であるとき，次の問いに答えよ。 ⮌ 9 12 （各4点　計12点）

(1) 確率変数 $4X+3Y$ の平均と分散を求めよ。

(2) 確率変数の積 XY の平均を求めよ。

4 10 本中 4 本の当たりが入ったくじがある。A，B 2 人がこの順にくじを 1 本ずつ引くとき，確率変数 X，Y を次のように定める。ただし，引いたくじはもとにもどさない。

X…A が当たりなら 1，はずれなら 0　　Y…B が当たりなら 1，はずれなら 0

このとき，次の問いに答えよ。 ➲ 10 13　(各 10 点　計 20 点)

(1) $P(X=i,\ Y=j)$ $(i=0,\ 1\ ;\ j=0,\ 1)$ を求め，右の確率分布の表を完成せよ。

X \ Y	0	1	計
0			
1			
計			

(2) $E(X+Y)=E(X)+E(Y)$ と $E(XY)=E(X)E(Y)$ が成り立つか，調べよ。

5 確率変数 X が次の二項分布に従うとき，X の平均と分散を求めよ。 ➲ 11 14

(各 5 点　計 20 点)

(1) $B\left(400,\ \dfrac{1}{6}\right)$　　(2) $B\left(150,\ \dfrac{1}{5}\right)$

6 2 枚のコインを同時に投げる試行を 500 回繰(く)り返すとき，2 枚とも表が出る回数を X とする。確率変数 X の平均と分散を求めよ。 ➲ 15　(各 5 点　計 10 点)

3 二項分布と正規分布

ポイント

18 連続型確率変数

離散型確率変数・連続型確率変数　さいころの目のように，1，2，3，4，5，6 といった，とびとびの値をとる確率変数を離散型確率変数という。また，ある範囲の実数値のように，連続した値をとる確率変数を連続型確率変数という。

確率密度関数 $f(x)$　連続型確率変数 X に対して，次の［1］，［2］，［3］を満たす関数 $f(x)$ $(\alpha \leqq x \leqq \beta)$ を確率密度関数といい，曲線 $y=f(x)$ を X の分布曲線という。

［1］$f(x) \geqq 0$

［2］$P(a \leqq X \leqq b)=\int_a^b f(x)dx$

［3］x 軸と曲線 $y=f(x)$ の間の面積は 1

19 正規分布

正規分布　連続型確率変数 X の確率密度関数 $f(x)$ が，

$$f(x)=\frac{1}{\sqrt{2\pi}\,\sigma}e^{-\frac{(x-m)^2}{2\sigma^2}} \quad \cdots ①$$

（m は実数，σ は正の実数，e は自然対数の底とよばれる無理数で，$e=2.71828\cdots$）で与えられるとき，X は正規分布 $N(m,\ \sigma^2)$ に従うといい，次のことが知られている。

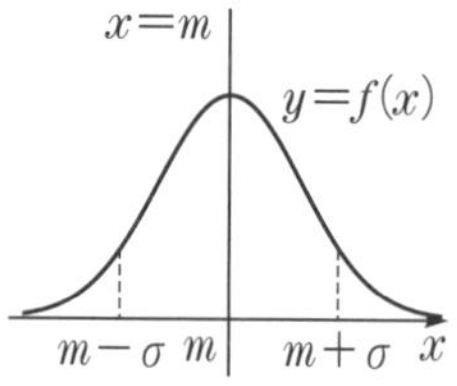

平均 $E(X)=m$　　標準偏差 $\sigma(X)=\sigma$

曲線 $y=f(x)$ を正規分布曲線といい，次の性質をもつ。

［1］　直線 $x=m$ に関して対称で，$x=m$ のとき最大値をとる。

［2］　曲線 $y=f(x)$ と x 軸の間の面積は 1 である。

［3］　x 軸を漸近線とし，標準偏差 σ の値が大きくなると山は平たくなり，値が小さくなると山は高くなって対称軸のまわりに集まる。

標準正規分布　確率変数 X の平均を m，標準偏差を σ とするとき，X を $Z=\frac{X-m}{\sigma}$ で定義される確率変数 Z に変換することを標準化という。X が正規分布 $N(m,\ \sigma^2)$ に従うとき，Z は平均 0，標準偏差 1 の正規分布，すなわち標準正規分布 $N(0,\ 1)$ に従い，①は

$f(z)=\frac{1}{\sqrt{2\pi}}e^{-\frac{z^2}{2}}$ となる。

$P(0 \leqq Z \leqq t)$ を $p(t)$ と表すと，$p(t)$ の値は右の図の色の部分の面積に等しい。$p.71$ の正規分布表は，t の値に対する $p(t)$ の値をまとめたものである。

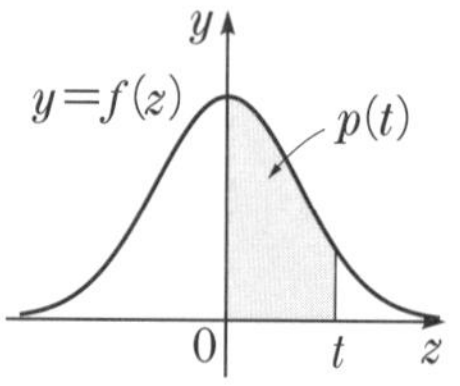

20 二項分布と正規分布

二項分布と正規分布　確率変数 X が二項分布 $B(n,\ p)$ に従うとき，平均 $E(X)=np$，分散 $V(X)=npq$（ただし，$q=1-p$）である。この確率変数 X は，n が十分大きいとき，近似的に正規分布 $N(np,\ npq)$ に従うことが知られている。

さらに，$Z=\frac{X-np}{\sqrt{npq}}$ とおくと，Z は近似的に標準正規分布 $N(0,\ 1)$ に従う。

16 正規分布表の利用① 19 正規分布

正規分布表を利用して，次の問いに答えよ。

(1) 確率変数 Z が標準正規分布 $N(0,\ 1)$ に従うとき，確率 $P(Z \geqq 0.95)$ を求めよ。

(2) 確率変数 X が正規分布 $N(55,\ 15^2)$ に従うとき，確率 $P(X \leqq 64)$ を求めよ。

ガイド

ヒラメキ

正規分布表を利用して確率を求めよ。→どの部分の面積を求めるかを考える。

なにをする？

(1) $p.71$ の正規分布表で，$p(t)$ の値は，$0 \leqq Z \leqq t$ となる確率である。
$t=0.95$ のときの $p(0.95)$ の値，つまり $P(0 \leqq Z \leqq 0.95)$ の値を読み取り，
$P(Z \geqq 0.95)$
$=P(Z \geqq 0)-P(0 \leqq Z \leqq 0.95)$
を計算する。
$P(Z \geqq 0)=0.5$ を利用する。

(2) $Z=\dfrac{X-55}{15}$ とおくと，Z は標準正規分布 $N(0,\ 1)$ に従う。$t=\dfrac{64-55}{15}$ の値を求めて，$p(t)$ の値を読み取り，
$P(Z \leqq 0)=0.5$ を利用する。

17 二項分布の正規分布による近似① 20 二項分布と正規分布

1個のさいころを450回投げるとき，3の倍数の目が出る回数を X として，確率 $P(135 \leqq X \leqq 170)$ を求めよ。

ヒラメキ

同じ試行を繰り返す。
→二項分布になる。

なにをする？

二項分布の平均と分散の公式を用いて，$E(X)=m$ と $V(X)=\sigma^2$ を求める。
450は十分大きいので，X は近似的に正規分布 $N(m,\ \sigma^2)$ に従うから，$Z=\dfrac{X-m}{\sigma}$ とおいて，正規分布表を利用する。
$s>0,\ t>0$ のとき
$P(-s \leqq Z \leqq 0)$
$=P(0 \leqq Z \leqq s)$
$=p(s)$
$P(-s \leqq Z \leqq t)$
$=P(-s \leqq Z \leqq 0)+P(0 \leqq Z \leqq t)$
$=p(s)+p(t)$

ガイドなしでやってみよう！

18 **確率密度関数**

確率変数 X の確率密度関数が，$f(x)=2x$ $(0 \leqq x \leqq 1)$ のとき，確率 $P(0.2 \leqq X \leqq 0.7)$ を求めよ。

19 **正規分布表の利用②**

確率変数 X が正規分布 $N(50,\ 8^2)$ に従うとき，次の確率を求めよ。

(1) $P(X \leqq 30)$　　(2) $P(46 \leqq X \leqq 63)$

20 **正規分布の活用①**

あるテストの受験生は 350 人で，その結果は平均 55 点，標準偏差 12 点の正規分布に従うという。このとき，次の問いに答えよ。

(1) 得点が 70 点以上の受験生はおよそ何人いるか。

(2) 点数の上位 100 人以内に属する受験生は何点以上であったか。

21 正規分布の活用②

ある学校の高校 2 年生 360 人の身長は，平均 169 cm，標準偏差 5 cm の正規分布に従うという。このとき，身長が 170 cm 以上 180 cm 以下の生徒はおよそ何人いるか。

第2章 統計的な推測

22 二項分布の正規分布による近似②

A，B 2 人がさいころを 1 個ずつ投げ，A の出た目が B より大きければ A の勝ち，それ以外の場合は B の勝ちとする。これを 180 回繰り返すとき，A が勝つ回数を X とする。このとき，次の問いに答えよ。

(1) 確率変数 X の平均 $E(X)$，分散 $V(X)$，標準偏差 $\sigma(X)$ を求めよ。

(2) A が 70 回以上勝つ確率を求めよ。ただし，$\sqrt{7}=2.646$ とする。

4　母集団・標本平均とその分布

ポイント

21　母集団とその分布

母集団と標本

統計では，調査の対象全体を母集団といい，母集団に属する個々のものを個体，個体の総数を母集団の大きさという。母集団から調査のために抜き出された個体の集合を標本といい，その中の個体の個数を標本の大きさという。

調査方法

調査の対象を母集団全体とする方法を全数調査という。母集団から一部を抜き出して調べる方法を標本調査という。

標本の抽出方法

標本を抽出するとき，毎回もとにもどした後に個体を1個ずつ抽出する方法を復元抽出という。そうではなく，個体をもとにもどさずに次の個体を抽出する方法を非復元抽出という。

母集団分布　母集団の各個体には統計の対象となる性質がいくつも備わっている。そのうちの1つを数量で表したものを変量という。母集団の大きさを N とし，変量 X のとり得る値が x_1，x_2，…，x_k のとき，それぞれの値をとる個体の個数を f_1，f_2，…，f_k とする。当然，$f_1+f_2+\cdots+f_k=N$ となっている。

変量	x_1	x_2	…	x_k	計
個数	f_1	f_2	…	f_k	N

この母集団から1つの個体を抽出するとき，X は右のような確率分布をもつ確率変数である。この確率分布を母集団分布という。この分布の平均を母平均，分散を母分散，標準偏差を母標準偏差といい，それぞれ m，σ^2，σ で表す。$E(X)$，$V(X)$，$\sigma(X)$ で表すこともある。

X	x_1	x_2	…	x_k	計
P	$\frac{f_1}{N}$	$\frac{f_2}{N}$	…	$\frac{f_k}{N}$	1

22　標本平均とその分布

標本平均の性質

母集団から復元抽出した大きさ n の標本の変量を X_1，X_2，…，X_n とするとき，それらの平均を標本平均といい，$\overline{X}$ で表す。すなわち

$$\overline{X}=\frac{X_1+X_2+\cdots+X_n}{n}$$

n を固定すると，$\overline{X}$ は抽出される標本によって変化する確率変数である。
母平均が m，母分散が σ^2 のとき，$\overline{X}$ について，次の性質がよく知られている。

[1] $\overline{X}$ の平均と分散は，それぞれ $E(\overline{X})=m$，$V(\overline{X})=\frac{\sigma^2}{n}$ である。

[2] n が大きくなるに従って，$\overline{X}$ は母平均 m に近づく（大数の法則）。

[3] n が十分大きいときは，$\overline{X}$ の分布は近似的に正規分布 $N\left(m,\ \frac{\sigma^2}{n}\right)$ に従うとみなしてよい（中心極限定理）。とくに，母集団が正規分布 $N(m,\ \sigma^2)$ に従うときは，n が大きくなくても，$\overline{X}$ の分布は正規分布 $N\left(m,\ \frac{\sigma^2}{n}\right)$ に従う。

23 母集団分布① 21 母集団とその分布

1，2 のカードが 10 枚ずつ，3 のカードが 20 枚，合計 40 枚のカードを母集団として，1 枚のカードを取り出したとき，そのカードに書かれている数を確率変数 X とする。このとき，母平均 m，母分散 σ^2 を求めよ。

24 標本平均の分布① 22 標本平均とその分布

1，2，3 のカードが 10 枚ずつ，合計 30 枚のカードを母集団とし，大きさ 2 の標本を復元抽出する。

(1) 得られる標本をすべて書け。

(2) 標本平均 $\overline{X}$ の確率分布を求めよ。

25 標本平均の分布② 22 標本平均とその分布

母平均 30，母標準偏差 12 の十分大きい母集団から，大きさ 36 の標本を復元抽出するとき，標本平均 $\overline{X}$ は近似的にどのような分布に従うか。

ガイド

ヒラメキ
母平均，母分散を求めよ。
→まず，母集団分布を求める。

なにをする？
確率変数 X のとり得る値は，$X=1,\ 2,\ 3$ であるから，X がその値をとる確率を求め，母集団分布の表を作る。
母平均は XP の合計であり，母分散は $(X-m)^2P$ の合計である。
また，$\sigma^2=E(X^2)-m^2$ で求めることもできる。

ヒラメキ
標本を復元抽出する。
→問題の意味を理解し，規則正しく書き出す。

なにをする？
(1) 1 回目に 3，2 回目に 1 のカードを取り出すことを (3，1) と表すことにして，$3\times3=9$ (通り) の標本をすべて書き出す。
(2) 標本平均が等しいものをまとめて確率分布の表を作る。

ヒラメキ
標本平均の分布。→標本の大きさ n が十分大きいときは，標本平均 $\overline{X}$ は，近似的に正規分布 $N\left(m,\ \dfrac{\sigma^2}{n}\right)$ に従う。

なにをする？
$E(\overline{X})=m$，$V(\overline{X})=\dfrac{\sigma^2}{n}$ を計算する。

第2章 統計的な推測

ガイドなしでやってみよう！

26 母集団分布②

$\boxed{1}$ のカードが 30 枚，$\boxed{2}$ のカードが 50 枚，$\boxed{3}$ のカードが 10 枚，$\boxed{4}$ のカードが 10 枚，合計 100 枚のカードを母集団として，1 枚のカードを取り出したとき，そのカードに書かれている数を確率変数 X とする。このとき，母平均 m，母分散 σ^2，母標準偏差 σ を求めよ。

27 標本平均の分布③

母平均 80，母標準偏差 20 の十分大きい母集団から，大きさ 25 の標本を無作為（むさくい）に復元抽出するとき，次の問いに答えよ。

(1) 標本平均 $\overline{X}$ の平均 $E(\overline{X})$，分散 $V(\overline{X})$，標準偏差 $\sigma(\overline{X})$ を求めよ。

(2) 標本平均 $\overline{X}$ は，近似的にどのような分布に従うか。

(3) 標本平均 $\overline{X}$ が 85 以上の値をとる確率 $P(\overline{X} \geqq 85)$ を求めよ。

28 標本平均の分布の活用①

ある都道府県の高校2年生が受験した50点満点のテストの結果は，平均が30点，標準偏差が15点であった。このテストの受験生を母集団として，大きさ16の標本を抽出するとき，次の問いに答えよ。

(1) 標本平均 $\overline{X}$ は，近似的にどのような分布に従うか。

(2) 標本平均 $\overline{X}$ が24以上39以下の値をとる確率を求めよ。

(3) 標本平均 $\overline{X}$ が36以上42以下の値をとる確率を求めよ。

29 標本平均の分布の活用②

ある学校の生徒を母集団とするとき，生徒の身長は近似的に平均165 cm，標準偏差4 cmの正規分布に従うという。この母集団から大きさ64の標本を抽出するとき，次の問いに答えよ。

(1) 標本平均 $\overline{X}$ は，近似的にどのような分布に従うか。

(2) 標本平均 $\overline{X}$ が164以上166以下の値をとる確率を求めよ。

5 母集団の推定

ポイント

23 母平均の推定

母平均の推定 （母平均 m がわからないとき，$\overline{X}$ から m を推定）

母標準偏差が σ である母集団から復元抽出した十分大きい大きさ n の標本の標本平均を $\overline{X}$ とすると，$\overline{X}-1.96\cdot\frac{\sigma}{\sqrt{n}}$ 以上 $\overline{X}+1.96\cdot\frac{\sigma}{\sqrt{n}}$ 以下の区間に m が含まれる確率は 95 % である。この区間を $\left[\overline{X}-1.96\cdot\frac{\sigma}{\sqrt{n}},\ \overline{X}+1.96\cdot\frac{\sigma}{\sqrt{n}}\right]$ と表し，母平均 m に対する**信頼度 95 % の信頼区間**という。

標本標準偏差 S の利用 （母標準偏差 σ がわからないとき）

標本の大きさ n が十分大きいときは，値のわからない母標準偏差 σ の代わりに，標本標準偏差 $S=\sqrt{\frac{1}{n}\sum_{k=1}^{n}(X_k-\overline{X})^2}$ を用いて母平均 m を推定してもよい。

24 母比率の推定

母比率と標本比率 母集団の中で，ある性質 A をもつものの割合を**母比率**といい p で表す。また，母集団の中から大きさ n の標本を抽出し，その中で性質 A をもつものの個数を X とするとき，その割合 $R=\frac{X}{n}$ を**標本比率**という。

母比率の推定 標本の大きさ n が大きいときは，標本比率 R は近似的に正規分布 $N\left(p,\ \frac{p(1-p)}{n}\right)$ に従い，母比率 p に対する信頼度 95 % の信頼区間は，

$\left[R-1.96\cdot\sqrt{\frac{R(1-R)}{n}},\ R+1.96\cdot\sqrt{\frac{R(1-R)}{n}}\right]$ である。

25 仮説検定の考え方

仮説検定 ある母集団に対して，正しいか正しくないかを判断したい仮説を**対立仮説**，それに反する仮説を**帰無**（きむ）**仮説**という。取り出した標本から得られた結果によって，正しいか正しくないか判断することを**仮説検定**といい，仮説が正しくないと判断することを**棄却**（ききゃく）**する**という。仮説を棄却する際に基準とする確率を**有意水準**といい，5 % や 1 % が用いられることが多い。本書では 5 % を用いる。

仮説検定の手順

[1] 対立仮説と帰無仮説を考える。

[2] 帰無仮説が真であると仮定し，標本の結果よりも極端なことが起こる確率を求める。

[3] 仮説の確率変数の値と有意水準を比べ，仮説が正しいかどうかを判断する。

標本平均 $\overline{X}$ を近似的に標準正規分布 $N(0,\ 1)$ に従うように標準化した値を Z とする。

正規分布表より，$P(-1.96\leqq Z\leqq 1.96)=0.95$ なので，$Z\leqq -1.96$ または $Z\geqq 1.96$ のとき，帰無仮説は棄却される。

30 母平均の推定① 23 母平均の推定

母標準偏差3の母集団から，大きさ50の標本を抽出したところ，標本平均が23であった。母平均の信頼度95％の信頼区間を求めよ。ただし，$\sqrt{2}=1.414$ とする。

ガイド

ヒラメキ
母平均の信頼区間を求めよ。
→母標準偏差 σ と標本の大きさ n を用いて計算する。

なにをする？
$1.96\times\frac{\sigma}{\sqrt{n}}$ を，小数第3位まで求め，標本平均との差と和を計算する。
信頼度99％の信頼区間を求めるときは，1.96の代わりに2.58を用いる。

31 母比率の推定① 24 母比率の推定

ある製品の中から無作為（むさくい）に200個の製品を抽出して調べたところ，40個の不良品があった。この製品の不良品の割合に対する信頼度95％の信頼区間を求めよ。ただし，$\sqrt{2}=1.414$ とする。

ヒラメキ
母比率の信頼区間を求めよ。
→標本比率 R と標本の大きさ n を用いて計算する。

なにをする？
$1.96\times\sqrt{\frac{R(1-R)}{n}}$ を，小数第3位まで求め，標本比率との差と和を計算する。

32 検定① 25 仮説検定の考え方

ある工場で生産されている1袋200gのうどんから，無作為に25袋を調査すると，平均は198g，標準偏差は4gであった。全製品の重さの平均は200gとは異なると判断できるか。有意水準5％で検定せよ。

ヒラメキ
有意水準5％で検定せよ。
→標準正規分布 $N(0,\ 1)$ で近似したときの，確率変数を求める。

なにをする？
標本の大きさを n，標本平均を $\overline{X}$，標本標準偏差を S とすると，$\overline{X}$ は近似的に正規分布 $N\left(200,\ \frac{S^2}{n}\right)$ に従う。

$Z=\dfrac{\overline{X}-200}{\frac{S}{\sqrt{n}}}$ とおいて，

$\overline{X}=198$ のときの Z の値を計算し，$Z\leqq-1.96$ または $Z\geqq1.96$ ならば，帰無仮説を棄却する。

第2章 統計的な推測

ガイドなしでやってみよう！

33 **母平均の推定②**

ある中学校で 50 人の生徒を無作為（むさくい）に抽出して通学時間を調べた結果，右の表のようになった。この中学校全体の生徒の通学時間の平均について，信頼度 95 % の信頼区間を求めよ。ただし，$\sqrt{10}=3.16$ とする。

時間(分)	10	15	20	25	30	35	40	計
人数(人)	2	7	11	15	10	4	1	50

34 **母平均の推定③**

正規分布に従う母集団から大きさ 8 の標本を無作為に復元抽出したところ，

25，23，24，27，24，27，25，25

であった。このとき，母平均の信頼度 95 % の信頼区間を求めよ。ただし，$\sqrt{14}=3.74$ とする。

35 **母比率の推定②**

ある政党の支持率に関するアンケートを 200 人に実施したところ，支持するという回答が 120 人であった。この政党の支持率に対する信頼度 95 % の信頼区間を求めよ。ただし，$\sqrt{3}=1.73$ とする。

36 **検定②**

あるテストを，平均 50 点の正規分布に従うことを目標に作成したが，20 人の得点を無作為（むさくい）抽出したところ，平均は 40 点，標準偏差は 5 点であった。このテストの全体の平均は 50 点ではないと判断できるか。有意水準 5 % で検定せよ。

37 **検定③**

1 つのさいころを 180 回投げたとき，1 の目が 38 回出た。このさいころの 1 の目が出る確率は $\frac{1}{6}$ ではないと考えられるか。有意水準 5 % で検定せよ。

定期テスト対策問題

目標点　60点
制限時間　50分
点

❶ 確率変数 X の確率密度関数が，$f(x)=-\frac{1}{2}x+1$ $(0\leqq x\leqq 2)$ のとき，確率 $P(0.8\leqq X\leqq 1.6)$ を求めよ。 ⮌ 18 （10点）

❷ ○×式の問題が 100 問あり，無作為(むさくい)に○か×を答えるとき，45 問以上正解する確率を求めよ。 ⮌ 17 20 21 22 （20点）

❸ 母平均 40，母標準偏差 6 の十分大きい母集団から，大きさ 81 の標本を無作為(むさくい)に復元抽出するとき，標本平均 $\overline{X}$ が 39 以上 42 以下の値をとる確率を求めよ。 ⮌ 25 27 （20点）

4 全国の高校 2 年生男子の体重の標準偏差が 7.8 kg であることがわかっている。ある高校 2 年生男子 360 人の体重を測定したところ，平均が 63.2 kg であった。このとき，次の問いに答えよ。ただし，$\sqrt{10}=3.16$ とする。 ➡ 30 33 34 （各 15 点　計 30 点）

(1) 全国の高校 2 年生男子の体重の平均に対する信頼度 95 % の信頼区間を求めよ。

(2) 全国の高校 2 年生男子の体重の平均を，信頼度 95 % で推定するとき，信頼区間の幅を 1 kg 以下にしたい。標本として，少なくとも何人の体重を測定すればよいか。

5 ステンレスは，一般に鉄とクロムの合金であり，クロムの含有量は 10.5 % とされている。実際にあるステンレス製の製品について，クロムの含有量を調べてみると，

12，11，9，8，10　（単位は %）

であった。この結果から，この製品のクロムの含有量は 10.5 % ではないと判断できるか。有意水準 5 % で検定せよ。ただし，$\sqrt{10}=3.16$ とする。 ➡ 32 36 37 （20 点）

第3章 ベクトル

1 平面上のベクトル

ポイント

26 ベクトルの定義

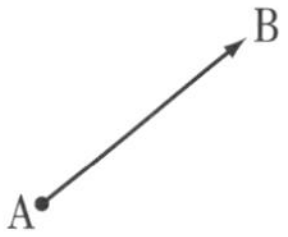

有向線分 右の図で点A（始点）から点B（終点）へ向かう線分のように，向きのついた線分を**有向線分**という。

ベクトル 向きと大きさをもった量。右の図では $\overrightarrow{\mathrm{AB}}$，その大きさを $|\overrightarrow{\mathrm{AB}}|$ と表す。

ベクトルの相等 2つのベクトル $\vec{a}$，$\vec{b}$ の向きと大きさが等しい。$\vec{a}=\vec{b}$ と表す。

逆ベクトル $\vec{a}$ と $\vec{b}$ の大きさが等しく，向きが反対。$\vec{b}=-\vec{a}$ と表す。

零ベクトル 大きさが0のベクトル。$\vec{0}$ と表す。

27 ベクトルの計算

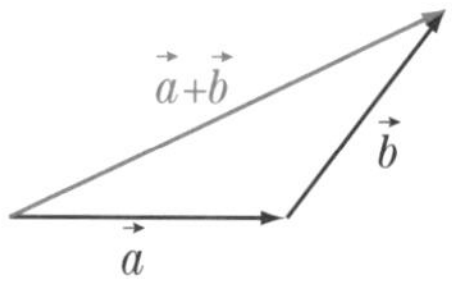

ベクトルの加法 $\vec{a}$ と $\vec{b}$ の和⇒$\vec{a}+\vec{b}$

ベクトルの減法 $\vec{a}$ と $\vec{b}$ の差⇒$\vec{a}-\vec{b}=\vec{a}+(-\vec{b})$

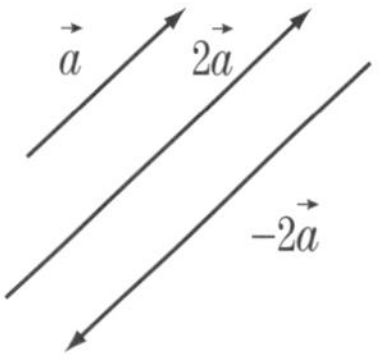

ベクトルの実数倍 $k\vec{a}$ （k を実数とする）

① $k>0$ のとき，$\vec{a}$ と同じ向きで，大きさは $|\vec{a}|$ の k 倍

② $k<0$ のとき，$\vec{a}$ と逆向きで，大きさは $|\vec{a}|$ の $|k|$ 倍

③ $k=0$ のとき，$\vec{0}$ 　つまり $0\vec{a}=\vec{0}$

単位ベクトル 大きさが1のベクトル。

28 ベクトルの平行と分解

ベクトルの平行 $\vec{a}$ と $\vec{b}$ の向きが同じか逆のとき $\vec{a}\parallel\vec{b}$

このとき $\vec{b}=k\vec{a}$ （k は実数）

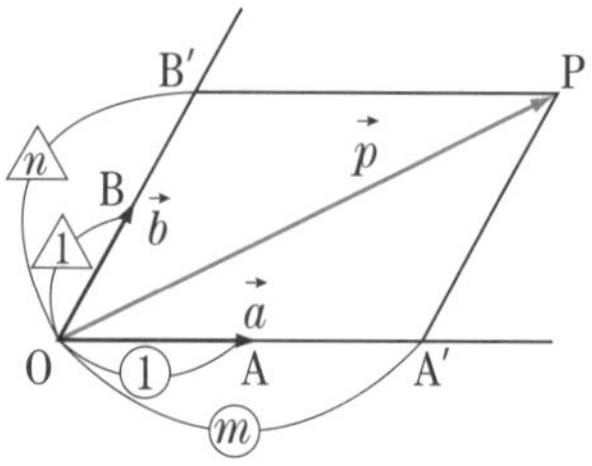

ベクトルの分解 平面上で，$\vec{0}$ でない2つのベクトル $\vec{a}$，$\vec{b}$ が平行でないとき，任意のベクトル $\vec{p}$ は $\vec{p}=m\vec{a}+n\vec{b}$ （m，n は実数）と表せる。
このとき，$\vec{p}=m\vec{a}+n\vec{b}=M\vec{a}+N\vec{b}$ と表せたとすると，必ず $m=M$，$n=N$ となる。これを
$\vec{p}=m\vec{a}+n\vec{b}$ **の表現の一意性**という。

29 ベクトルの成分表示

基本ベクトル $\vec{e_1}=\overrightarrow{\mathrm{OE_1}}=(1,\ 0)$，$\vec{e_2}=\overrightarrow{\mathrm{OE_2}}=(0,\ 1)$

ベクトルの成分 $\vec{a}=(a_1,\ a_2)$ 　　$\vec{a}=a_1\vec{e_1}+a_2\vec{e_2}$ …$\vec{a}$ の基本ベクトル表示

（$\vec{a}$ の成分表示，x 成分，y 成分）

成分表示の性質のまとめ $\vec{a}=(a_1,\ a_2)$，$\vec{b}=(b_1,\ b_2)$ のとき

① $|\vec{a}|=\sqrt{a_1{}^2+a_2{}^2}$

② $\vec{a}=\vec{b} \iff a_1=b_1$ かつ $a_2=b_2$

③ $\vec{a}+\vec{b}=(a_1+b_1,\ a_2+b_2)$ 　　$\vec{a}-\vec{b}=(a_1-b_1,\ a_2-b_2)$

④ $k\vec{a}=k(a_1,\ a_2)=(ka_1,\ ka_2)$

座標と成分表示 $\overrightarrow{\mathrm{OA}}=\vec{a}=(a_1,\ a_2)$，$\overrightarrow{\mathrm{OB}}=\vec{b}=(b_1,\ b_2)$ のとき

$\overrightarrow{\mathrm{AB}}=\vec{b}-\vec{a}=(b_1-a_1,\ b_2-a_2)$ 　　$|\overrightarrow{\mathrm{AB}}|=|\vec{b}-\vec{a}|=\sqrt{(b_1-a_1)^2+(b_2-a_2)^2}$

1 ベクトル　26 ベクトルの定義

右の図のベクトルについて，次のものをすべて答えよ。

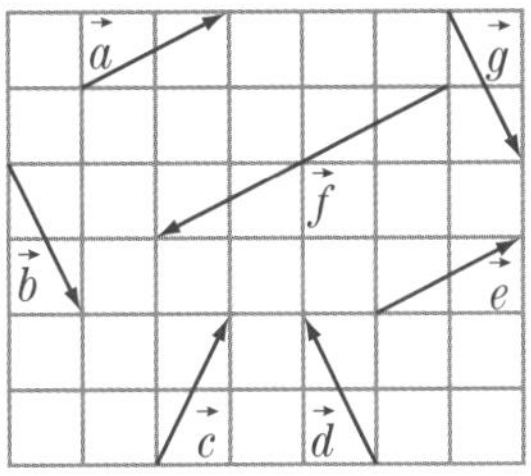

(1) $\vec{a}$ と平行なベクトル

(2) $\vec{a}$ と大きさが同じであるベクトル

(3) 等しいベクトルの組

2 ベクトルの加法・減法・実数倍①　27 ベクトルの計算

次の問いに答えよ。

(1) $5\vec{a}-3\vec{b}-3(\vec{a}-2\vec{b})$ を簡単にせよ。

(2) $3(\vec{x}+\vec{a})=5\vec{x}-2\vec{b}$ のとき，$\vec{x}$ を $\vec{a}$，$\vec{b}$ で表せ。

3 中点連結定理　28 ベクトルの平行と分解

$\triangle$ABC の辺 AB，AC の中点をそれぞれ M，N とするとき，MN$/\!/$BC，MN$=\dfrac{1}{2}$BC であることを示せ。

4 成分の計算　29 ベクトルの成分表示

$\vec{a}=(2,\ 1)$，$\vec{b}=(-1,\ 2)$ のとき，$\vec{c}=(7,\ -4)$ を $m\vec{a}+n\vec{b}$ の形で表せ。

ガイド

ヒラメキ
ベクトルの定義
→ベクトルは向きと大きさをもつ量。

なにをする？
次の点に注意する。
(1) 平行→矢印の向きが同じか逆
(2) 大きさが同じ→矢印の長さが同じ
(3) 等しい→矢印の向きも長さも同じ

ヒラメキ
ベクトルの和，差，実数倍
→$\vec{a}$，$\vec{b}$ を文字と考えれば文字式の計算と同じ。

なにをする？
(1) $\vec{a}$ と $\vec{b}$ を文字と同じように扱う。
(2) $\vec{x}$ の方程式と同じように考える。

ヒラメキ
MN$/\!/$BC，MN$=\dfrac{1}{2}$BC
→$\overrightarrow{\mathrm{MN}}=\dfrac{1}{2}\overrightarrow{\mathrm{BC}}$ を示す。

なにをする？
$\overrightarrow{\mathrm{BC}}=\overrightarrow{■\mathrm{C}}-\overrightarrow{■\mathrm{B}}$
同じ文字にすればよい。

ヒラメキ
ベクトルの成分
→(x 成分，y 成分)

なにをする？
$\vec{c}=m\vec{a}+n\vec{b}$ と表したとき，m，n は1通りなので，成分の比較をする。

第3章 ベクトル

ガイドなしでやってみよう！

5 平行四辺形とベクトル①

右の図のように平行四辺形ABCDの対角線の交点をOとするとき，次のものをすべて答えよ。

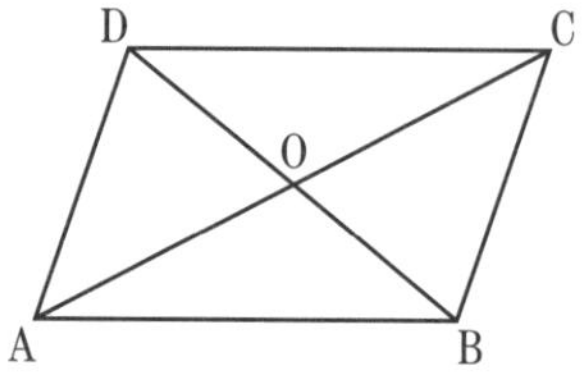

(1) $\overrightarrow{AB}$ と等しいベクトル

(2) $\overrightarrow{OB}$ と等しいベクトル

(3) $\overrightarrow{OA}$ の逆ベクトル

6 平行四辺形とベクトル②

右の図で $\overrightarrow{AB}=\vec{a}$，$\overrightarrow{AD}=\vec{b}$ とおくとき，次のベクトルを $\vec{a}$，$\vec{b}$ を使って表せ。

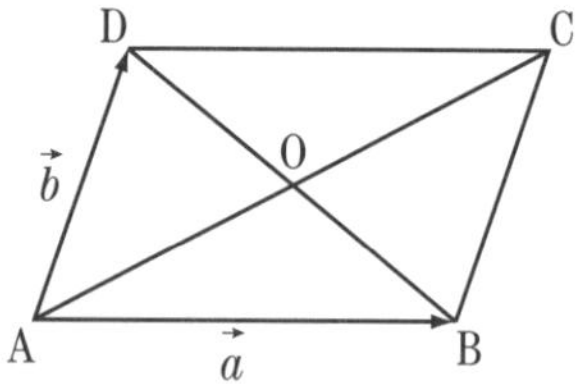

(1) $\overrightarrow{AC}$

(2) $\overrightarrow{BD}$

(3) $\overrightarrow{OA}$

(4) $\overrightarrow{OD}$

7 ベクトルの加法・減法・実数倍②

$\vec{p}=3\vec{a}-2\vec{b}$，$\vec{q}=2\vec{a}+\vec{b}$ とするとき，次のベクトルを $\vec{a}$，$\vec{b}$ で表せ。

(1) $2\vec{p}+3\vec{q}$

(2) $2(\vec{x}-\vec{p})=\vec{p}+2\vec{q}-\vec{x}$ を満たす $\vec{x}$

(3) $\begin{cases} \vec{x}+\vec{y}=\vec{p} & \cdots ① \\ \vec{x}-\vec{y}=\vec{q} & \cdots ② \end{cases}$ を満たす $\vec{x}$，$\vec{y}$

8 正六角形とベクトル

点Oを中心とする正六角形ABCDEFにおいて，$\overrightarrow{OA}=\vec{a}$，$\overrightarrow{OB}=\vec{b}$ とおくとき，次のベクトルを $\vec{a}$，$\vec{b}$ で表せ。

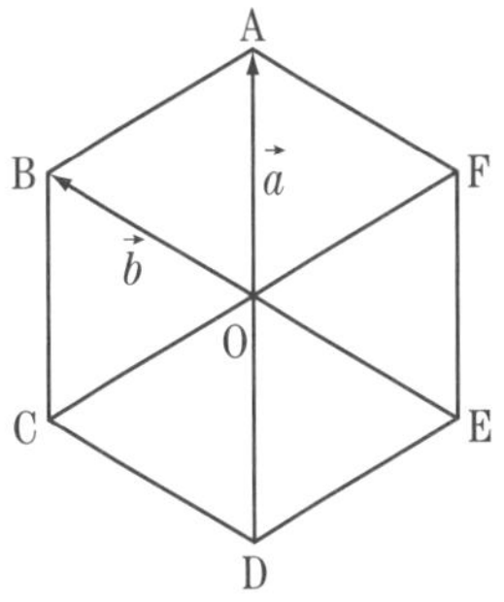

(1) $\overrightarrow{AB}$

(2) $\overrightarrow{CF}$

(3) $\overrightarrow{CE}$

(4) $\overrightarrow{DF}$

9 単位ベクトル①

$\vec{a}=(4,\ -3)$ のとき，次のベクトルを求めよ。

(1) 同じ向きの単位ベクトル $\vec{e}$

(2) $\vec{a}$ と逆向きで，大きさ3のベクトル

10 成分表示と最小値

$\vec{a}=(-2,\ 4)$，$\vec{b}=(1,\ -1)$ とするとき，次の問いに答えよ。

(1) $2\vec{a}+3\vec{b}$ を成分表示し，その大きさを求めよ。

(2) $\vec{x}=\vec{a}+t\vec{b}$（t：実数）のとき，$|\vec{x}|$ の最小値を求めよ。

2 内積と位置ベクトル

ポイント

30 ベクトルの内積

ベクトルのなす角 $\vec{a}=\overrightarrow{\mathrm{OA}}$，$\vec{b}=\overrightarrow{\mathrm{OB}}$ とするとき，
$\angle\mathrm{AOB}=\theta$ を $\vec{a}$ と $\vec{b}$ のなす角という。$(0^\circ \leqq \theta \leqq 180^\circ)$

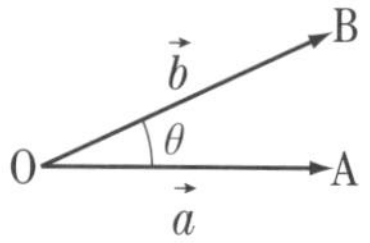

ベクトルの内積 $\vec{a}\cdot\vec{b}=|\vec{a}||\vec{b}|\cos\theta$

内積の符号となす角の関係 （$\vec{a}$ と $\vec{b}$ のなす角を θ とする。）

$0^\circ \leqq \theta < 90^\circ \iff \cos\theta>0 \iff \vec{a}\cdot\vec{b}>0$
$\theta=90^\circ \iff \cos\theta=0 \iff \vec{a}\cdot\vec{b}=0$
$90^\circ<\theta\leqq 180^\circ \iff \cos\theta<0 \iff \vec{a}\cdot\vec{b}<0$

内積の基本性質

① $\vec{a}\cdot\vec{b}=\vec{b}\cdot\vec{a}$　② $-|\vec{a}||\vec{b}|\leqq\vec{a}\cdot\vec{b}\leqq|\vec{a}||\vec{b}|$　③ $\vec{a}\cdot\vec{a}=|\vec{a}|^2$

31 内積の成分表示

$\vec{a}=(a_1,\ a_2)$，$\vec{b}=(b_1,\ b_2)$ とする。

ベクトルの内積の成分表示 $\vec{a}\cdot\vec{b}=a_1b_1+a_2b_2$

ベクトルの垂直条件・平行条件 （$\vec{a}\neq\vec{0}$，$\vec{b}\neq\vec{0}$ とする。）

① 垂直条件 $\vec{a}\perp\vec{b} \iff \vec{a}\cdot\vec{b}=0 \iff a_1b_1+a_2b_2=0$
② 平行条件 $\vec{a}\,/\!/\,\vec{b} \iff \vec{a}\cdot\vec{b}=\pm|\vec{a}||\vec{b}| \iff a_1b_2-a_2b_1=0$

ベクトルのなす角の余弦

$\vec{a}$ と $\vec{b}$ のなす角を θ とすると　$\cos\theta=\dfrac{\vec{a}\cdot\vec{b}}{|\vec{a}||\vec{b}|}=\dfrac{a_1b_1+a_2b_2}{\sqrt{a_1^2+a_2^2}\sqrt{b_1^2+b_2^2}}$

内積の計算

① $\vec{a}\cdot\vec{b}=\vec{b}\cdot\vec{a}$　② $k(\vec{a}\cdot\vec{b})=(k\vec{a})\cdot\vec{b}=\vec{a}\cdot(k\vec{b})$（ただし，$k$ は実数。）
③ $\vec{a}\cdot(\vec{b}+\vec{c})=\vec{a}\cdot\vec{b}+\vec{a}\cdot\vec{c}$，$(\vec{a}+\vec{b})\cdot\vec{c}=\vec{a}\cdot\vec{c}+\vec{b}\cdot\vec{c}$
④ $|\vec{a}+\vec{b}|^2=|\vec{a}|^2+2\vec{a}\cdot\vec{b}+|\vec{b}|^2$　$|\vec{a}-\vec{b}|^2=|\vec{a}|^2-2\vec{a}\cdot\vec{b}+|\vec{b}|^2$
⑤ $(\vec{a}+\vec{b})\cdot(\vec{a}-\vec{b})=|\vec{a}|^2-|\vec{b}|^2$

32 位置ベクトル

位置ベクトル 平面上で基準とする点 O を固定すると，平面上の任意の点 P の位置は，$\overrightarrow{\mathrm{OP}}=\vec{p}$ によって定まる。この $\vec{p}$ を点 P の位置ベクトルといい，$\mathrm{P}(\vec{p})$ と表す。

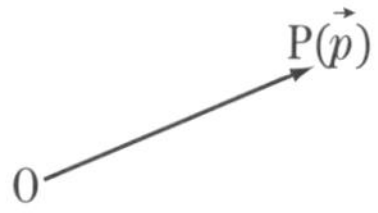

位置ベクトルと座標 座標平面上の原点 O を基準とする点 P の位置ベクトル $\vec{p}$ の成分は，点 P の座標と一致する。

位置ベクトルの性質 3 点 $\mathrm{A}(\vec{a})$，$\mathrm{B}(\vec{b})$，$\mathrm{C}(\vec{c})$ に対して

① $\overrightarrow{\mathrm{AB}}=\vec{b}-\vec{a}$

② 線分 AB を $m:n$ に内分する点を $\mathrm{P}(\vec{p})$ とすると　$\vec{p}=\dfrac{n\vec{a}+m\vec{b}}{m+n}$

とくに点 P が線分 AB の中点のとき　$\vec{p}=\dfrac{\vec{a}+\vec{b}}{2}$

③ 線分 AB を $m:n$ に外分する点を $\mathrm{Q}(\vec{q})$ とすると　$\vec{q}=\dfrac{-n\vec{a}+m\vec{b}}{m-n}$　$(m\neq n)$

④ $\triangle\mathrm{ABC}$ の重心を $\mathrm{G}(\vec{g})$ とすると　$\vec{g}=\dfrac{\vec{a}+\vec{b}+\vec{c}}{3}$

11 図形と内積の計算① 30 ベクトルの内積

OA＝AB＝OD＝1，OC＝2 である2つの直角三角形で，3点D，O，A が一直線上にあるとき，次の内積を求めよ。

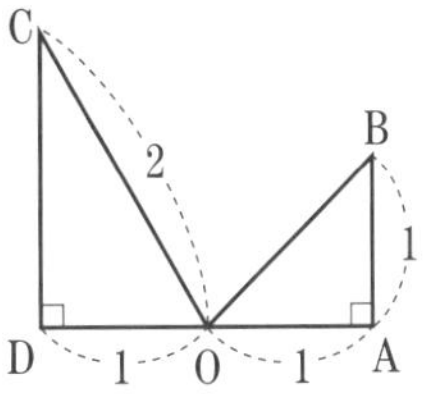

(1) $\overrightarrow{OA}\cdot\overrightarrow{OB}$

(2) $\overrightarrow{OA}\cdot\overrightarrow{OC}$

(3) $\overrightarrow{OA}\cdot\overrightarrow{OD}$

(4) $\overrightarrow{OA}\cdot\overrightarrow{AB}$

12 成分と内積の計算① 31 内積の成分表示

$\vec{a}=(3,\ 2)$，$\vec{b}=(6,\ p)$ とするとき，次の条件に適するように p の値を定めよ。

(1) $\vec{a}$ と $\vec{b}$ は垂直

(2) $\vec{a}$ と $\vec{b}$ は平行

(3) $\vec{a}\cdot(2\vec{a}+\vec{b})=0$

13 内分点・外分点① 32 位置ベクトル

2点 A$(\vec{a})$，B$(\vec{b})$ に対して，線分 AB を 1：2 に内分する点 P$(\vec{p})$，外分する点 Q$(\vec{q})$ の位置ベクトルを $\vec{a}$，$\vec{b}$ で表せ。

ガイド

ヒラメキ

内積

$\rightarrow\vec{a}\cdot\vec{b}=|\vec{a}||\vec{b}|\cos\theta$

・△OAB は直角二等辺三角形。

・△OCD は 30°，60° の直角三角形。

なにをする？

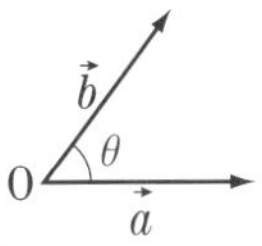

$|\vec{a}|$，$|\vec{b}|$，$\cos\theta$ を求め，計算すればよい。

ヒラメキ

成分による内積

$\vec{a}=(a_1,\ a_2)$，$\vec{b}=(b_1,\ b_2)$

$\rightarrow\vec{a}\cdot\vec{b}=a_1b_1+a_2b_2$

なにをする？

(1) $\vec{a}\perp\vec{b}$ のとき

$\vec{a}\cdot\vec{b}=0$

(2) $\vec{a}/\!/\vec{b}$ のとき，

$\vec{b}=k\vec{a}$（k は実数）と表せる。

(3) $2\vec{a}+\vec{b}$ を成分表示して内積の計算をする。

ヒラメキ

線分 AB を $m：n$ に分ける点の位置ベクトル

$\rightarrow\dfrac{n\vec{a}+m\vec{b}}{m+n}$

なにをする？

内分→$m>0$，$n>0$

外分→$mn<0$

第3章 ベクトル

ガイドなしでやってみよう！

14 **図形と内積の計算②**

右の図のように，OA$=\sqrt{3}$，AB$=1$，OB$=2$ の直角三角形 OAB について，次の内積を求めよ。

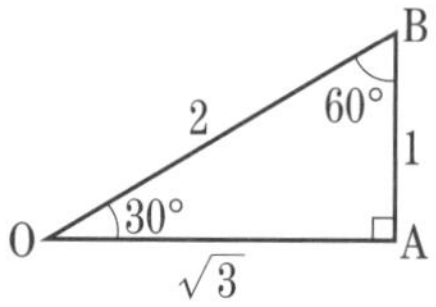

(1) $\overrightarrow{OA}\cdot\overrightarrow{OB}$

(2) $\overrightarrow{OA}\cdot\overrightarrow{AB}$

(3) $\overrightarrow{AB}\cdot\overrightarrow{BO}$

(4) $\overrightarrow{AO}\cdot\overrightarrow{OB}$

15 **成分と内積の計算②**

$\vec{a}=(-1,\ 2)$，$\vec{b}=(2,\ 3)$ のとき，次の内積を求めよ。

(1) $\vec{a}\cdot\vec{b}$

(2) $(\vec{a}+\vec{b})\cdot(\vec{a}-2\vec{b})$

16 **内積の計算①**

次の式を計算せよ。

(1) $(\vec{a}-3\vec{b})\cdot(\vec{a}+2\vec{c})$

(2) $|3\vec{a}-2\vec{b}|^2$

17 **単位ベクトル②**

$\vec{a}=(4,\ 3)$ に垂直な単位ベクトルを求めよ。

18 なす角

次のベクトル $\vec{a}$, $\vec{b}$ のなす角 θ を求めよ。

(1) $\vec{a}=(1,\ 2)$, $\vec{b}=(1,\ -3)$

(2) $\vec{a}=(-1,\ 2)$, $\vec{b}=(4,\ 2)$

19 内積の計算②

$|\vec{a}|=3$, $|\vec{b}|=4$, $|\vec{a}+\vec{b}|=\sqrt{13}$ のとき，次の値を求めよ。

(1) $\vec{a}\cdot\vec{b}$

(2) $|\vec{a}+2\vec{b}|$

(3) $\vec{a}$ と $\vec{b}$ のなす角 θ

第3章 ベクトル

20 重心と位置ベクトル

△ABC の辺 BC，CA，AB を 1：2 に内分する点をそれぞれ D，E，F とするとき，△ABC の重心 G と △DEF の重心 G′ は一致することを証明せよ。

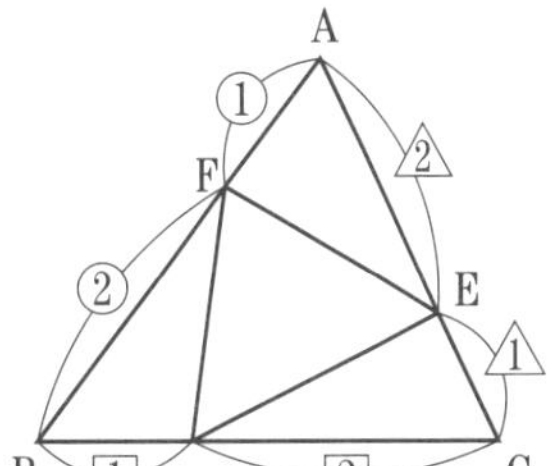

3 図形への応用・ベクトル方程式

ポイント

33 位置ベクトルと共線条件

一直線上にある3点

異なる2点 $A(\vec{a})$, $B(\vec{b})$ がある。このとき点 $C(\vec{c})$ が直線 AB 上にある条件(共線条件)には，次のようなものがある。

① $\overrightarrow{AC}=k\overrightarrow{AB}$ (k は実数)

② $\vec{c}=(1-t)\vec{a}+t\vec{b}$ (t は実数)

③ $\vec{c}=s\vec{a}+t\vec{b}$ (s は実数，$s+t=1$)

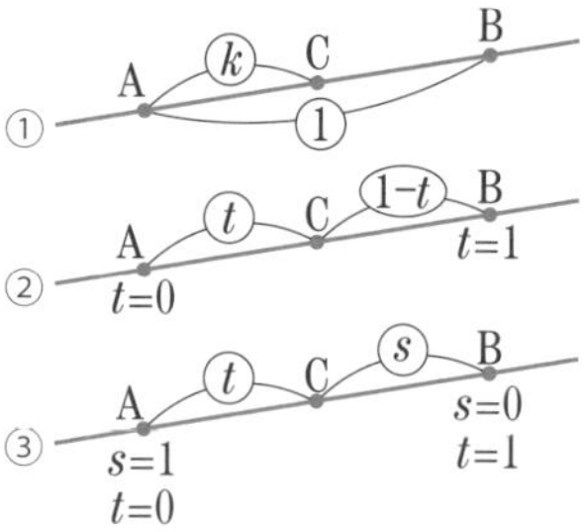

点 C が線分 AB 上にある条件

上の①～③の k, t, (s, t) に，次のように条件を加えればよい。

① $\overrightarrow{AC}=k\overrightarrow{AB}$　k は実数かつ $0\leqq k\leqq 1$

② $\vec{c}=(1-t)\vec{a}+t\vec{b}$　t は実数かつ $0\leqq t\leqq 1$

③ $\vec{c}=s\vec{a}+t\vec{b}$　$s+t=1$ かつ $0\leqq s\leqq 1$ かつ $0\leqq t\leqq 1$

34 内積の図形への応用

三角形の面積

① $S=\dfrac{1}{2}|\vec{a}||\vec{b}|\sin\theta$ (θ : $\vec{a}$ と $\vec{b}$ のなす角)

② $S=\dfrac{1}{2}\sqrt{|\vec{a}|^2|\vec{b}|^2-(\vec{a}\cdot\vec{b})^2}$

③ $S=\dfrac{1}{2}|x_1y_2-x_2y_1|$

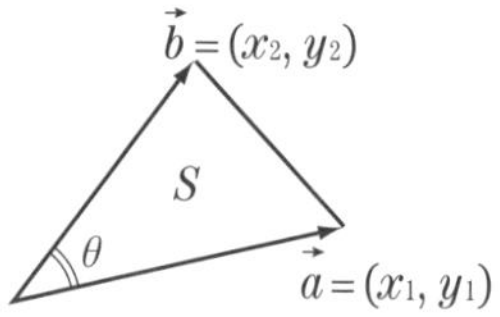

中線定理

△ABC の辺 BC の中点を M とするとき

$AB^2+AC^2=2(AM^2+BM^2)$

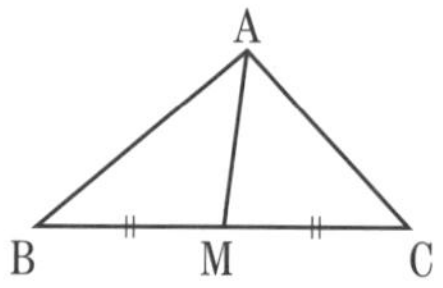

35 直線のベクトル方程式

ベクトル $\vec{u}$ に平行な直線

平面上の定点 $A(\vec{a})$ を通り，ベクトル $\vec{u}$ に平行な直線 ℓ 上の点 $P(\vec{p})$ は

$\vec{p}=\vec{a}+t\vec{u}$ (t は実数)　…①

と表される。これを直線 ℓ のベクトル方程式といい，

$\vec{u}$ を直線 ℓ の方向ベクトル，実数 t を媒介変数(パラメータ)という。

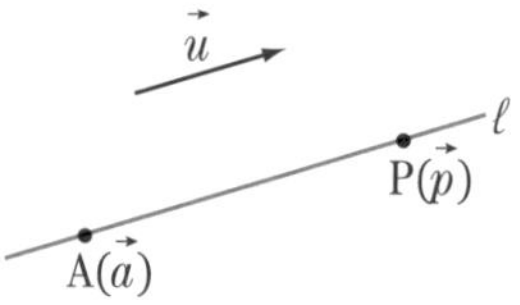

2点 $A(\vec{a})$, $B(\vec{b})$ を通る直線

①より　$\vec{p}=\vec{a}+t\overrightarrow{AB}=\vec{a}+t(\vec{b}-\vec{a})=(1-t)\vec{a}+t\vec{b}$

また，$s=1-t$ とおくと，$\vec{p}=s\vec{a}+t\vec{b}$ ($s+t=1$) とも表せる。

ベクトル $\vec{n}$ に垂直な直線

平面上の定点 $A(\vec{a})$ を通り，ベクトル $\vec{n}$ に垂直な直線 m のベクトル方程式は

$(\vec{p}-\vec{a})\cdot\vec{n}=0$

$\vec{n}$ を直線 m の法線ベクトルという。

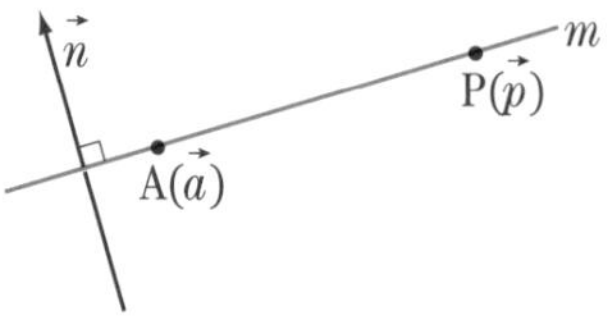

36 円のベクトル方程式

円のベクトル方程式

定点 $C(\vec{c})$ を中心とし，半径が r の円周上の点を $P(\vec{p})$ とする。

① $|\overrightarrow{CP}|=r \iff |\vec{p}-\vec{c}|=r$

② $(\vec{p}-\vec{c})\cdot(\vec{p}-\vec{c})=r^2$

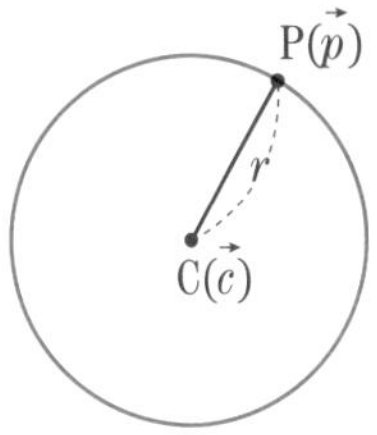

2定点を直径の両端とする円のベクトル方程式

2定点 $A(\vec{a})$，$B(\vec{b})$ を直径の両端とする円周上の点を $P(\vec{p})$ とする。

$\overrightarrow{AP}\perp\overrightarrow{BP} \iff \overrightarrow{AP}\cdot\overrightarrow{BP}=0$

$\iff (\vec{p}-\vec{a})\cdot(\vec{p}-\vec{b})=0$

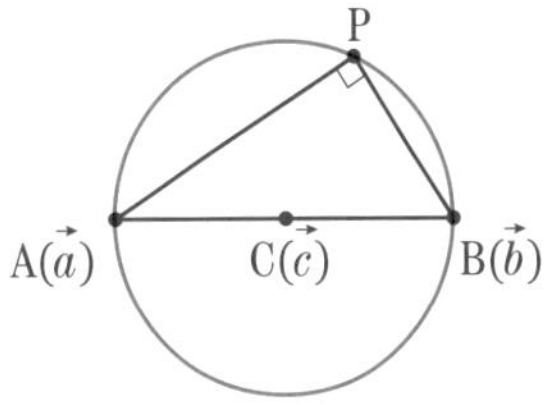

21 一直線上にある条件　33 位置ベクトルと共線条件

3点 $A(\vec{a})$，$B(\vec{b})$，$C(\vec{c})$ において $\vec{c}=4\vec{a}-3\vec{b}$ のとき，3点A，B，Cが一直線上にあることを示せ。

22 三角形の面積①　34 内積の図形への応用

3点 A(1, 2), B(6, 5), C(5, 8) を頂点とする △ABC の面積を求めよ。

23 媒介変数表示　35 直線のベクトル方程式

点 A(2, 3) を通り $\vec{u}=(2,\ 1)$ に平行な直線を，媒介変数 t を用いて表せ。

24 円のベクトル方程式　36 円のベクトル方程式

点 $C(\vec{c})$ を中心とする半径2の円のベクトル方程式を求めよ。

ガイド

ヒラメキ

3点A，B，Cが一直線上。

→$\overrightarrow{AC}=k\overrightarrow{AB}$

なにをする？

$\overrightarrow{AC}$，$\overrightarrow{AB}$ を $\vec{a}$，$\vec{b}$ で表し，$\overrightarrow{AC}=k\overrightarrow{AB}$ となる実数 k をみつける。

ヒラメキ

面積→公式は3つ。

なにをする？

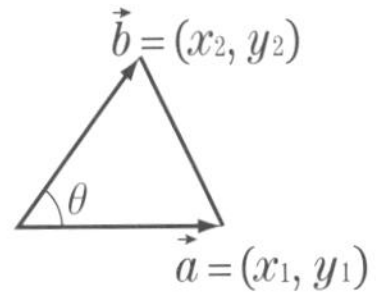

$S=\frac{1}{2}|x_1y_2-x_2y_1|$

ヒラメキ

点Aを通り $\vec{u}$ に平行な直線

→$\overrightarrow{OP}=\overrightarrow{OA}+t\vec{u}$

ヒラメキ

点 $C(\vec{c})$ を中心とする半径 r の円→$|\vec{p}-\vec{c}|=r$

ガイドなしでやってみよう！

25 **一直線上にあることの証明**

△OAB の辺 OA を 1：2 に内分する点を P，辺 AB を 3：1 に外分する点を Q，辺 OB を 3：2 に内分する点を R とするとき，3 点 P，Q，R は一直線上にあることを証明せよ。

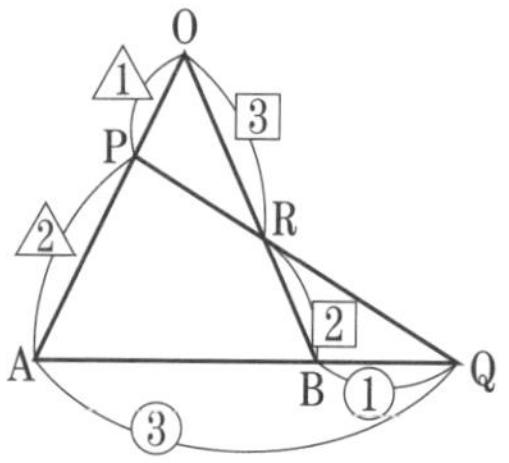

26 **線分上にある点の位置ベクトル**

△OAB において，辺 OA を 2：3 に内分する点を C，辺 OB を 1：2 に内分する点を D とし，AD と BC の交点を P とするとき，次の問いに答えよ。

(1) $\overrightarrow{\mathrm{OA}}=\vec{a}$，$\overrightarrow{\mathrm{OB}}=\vec{b}$ とおくとき，$\overrightarrow{\mathrm{OP}}$ を $\vec{a}$，$\vec{b}$ で表せ。

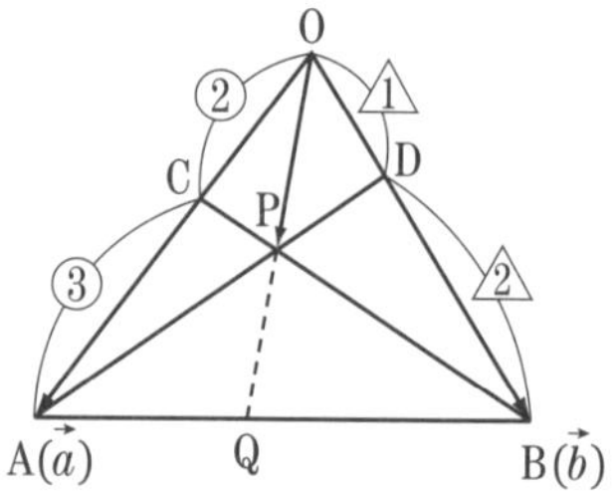

(2) 直線 OP と辺 AB の交点を Q とするとき，AQ：QB を求めよ。

27 **三角形の面積②**

$|\overrightarrow{\mathrm{AB}}|=6$, $|\overrightarrow{\mathrm{AC}}|=5$, $|\overrightarrow{\mathrm{BC}}|=7$ を満たす △ABC の面積 S を求めよ。

第3章 ベクトル

28 **直線の媒介変数表示と方程式**

3 点 A(2, 3), B(−1, −1), C(5, 1) があるとき，次の問いに答えよ。

(1) 点 A を通り $\overrightarrow{\mathrm{BC}}$ に平行な直線を媒介変数 t を用いて表せ。

(2) 点 A を通り $\overrightarrow{\mathrm{BC}}$ に垂直な直線の方程式を求めよ。

29 **ベクトル方程式による図形の特定**

平面上に一直線上にない異なる 3 点 $\mathrm{A}(\vec{a})$, $\mathrm{B}(\vec{b})$, $\mathrm{C}(\vec{c})$ と動点 $\mathrm{P}(\vec{p})$ がある。次のベクトル方程式で表される点 P はどのような図形上にあるか。

(1) $(\vec{p}-\vec{a})\cdot(\vec{p}-\vec{b})=0$

(2) $|3\vec{p}-\vec{a}-\vec{b}-\vec{c}|=6$

定期テスト対策問題

目標点　60点
制限時間　50分

点

1 2つのベクトル $\vec{a}$, $\vec{b}$ が与えられているとき，次のベクトルを作図せよ。 ➲ 1 5

（各6点　計12点）

(1) $\vec{a}+2\vec{b}$

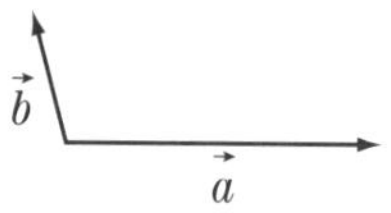

(2) $\dfrac{1}{2}\vec{a}-2\vec{b}$

2 $\vec{a}=(-1,\ 3)$, $\vec{b}=(1,\ 1)$ のとき，次の問いに答えよ。 ➲ 4 10 （各6点　計12点）

(1) $\vec{c}=(-5,\ 7)$ を $m\vec{a}+n\vec{b}$ の形で表せ。

(2) $|\vec{a}+t\vec{b}|$ の最小値を求めよ。

3 $\vec{a}=(1,\ 3)$, $\vec{b}=(4,\ 2)$ のとき，次の問いに答えよ。 ➲ 15 16 18 （各6点　計12点）

(1) $\vec{a}$ と $\vec{b}$ のなす角 θ を求めよ。

(2) $(\vec{a}+2\vec{b})\cdot(2\vec{a}-\vec{b})$ を求めよ。

4 2つのベクトル $\vec{a}$, $\vec{b}$ があって，$|\vec{a}|=3$, $|\vec{b}|=2$, $|\vec{a}+\vec{b}|=\sqrt{19}$ のとき，次の値を求めよ。

➲ 19

（各6点　計18点）

(1) $\vec{a}\cdot\vec{b}$

(2) $\vec{a}$ と $\vec{b}$ のなす角 θ

(3) $|2\vec{a}+3\vec{b}|$

5 △OAB において，辺 OA を 2：1 に内分する点を C，辺 OB を 3：2 に内分する点を D とし，AD と BC の交点を P とする。 ⊃ 26　　（各 7 点　計 14 点）

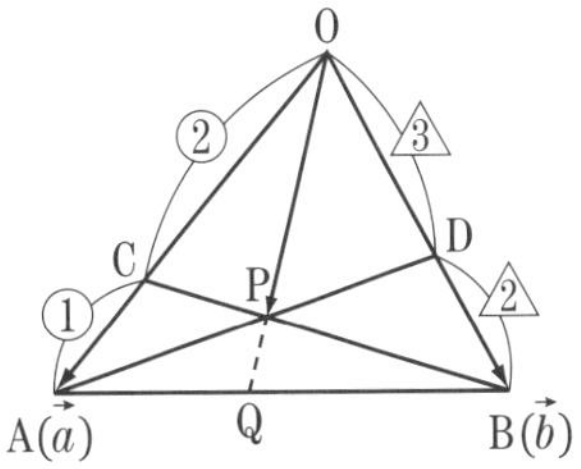

(1) $\overrightarrow{OA}=\vec{a}$，$\overrightarrow{OB}=\vec{b}$ とおくとき，$\overrightarrow{OP}$ を $\vec{a}$，$\vec{b}$ で表せ。

(2) 直線 OP と辺 AB の交点を Q とするとき，AQ：QB を求めよ。

6 次の条件のとき，それぞれ △OAB の面積 S を求めよ。 ⊃ 22 27　　（各 6 点　計 12 点）

(1) $\overrightarrow{OA}=(5,\ 1)$，$\overrightarrow{OB}=(2,\ 3)$　　(2) $|\overrightarrow{OA}|=5$，$|\overrightarrow{OB}|=4$，$\overrightarrow{OA}\cdot\overrightarrow{OB}=10$

7 平面上に，異なる 2 点 A(1，4)，B(3，2) がある。A，B の位置ベクトルをそれぞれ $\vec{a}$，$\vec{b}$ とするとき，次の問いに答えよ。 ⊃ 23 24 28 29　　（各 5 点　計 20 点）

(1) 2 点 A，B を通る直線のベクトル方程式を求め，媒介変数表示をせよ。

(2) A，B を直径の両端とする円のベクトル方程式を求め，x，y の方程式で表せ。

4 空間座標とベクトル

ポイント

37 空間座標

座標空間　座標が定められた空間。右の図の点Pの座標を$(a,\ b,\ c)$と表す。

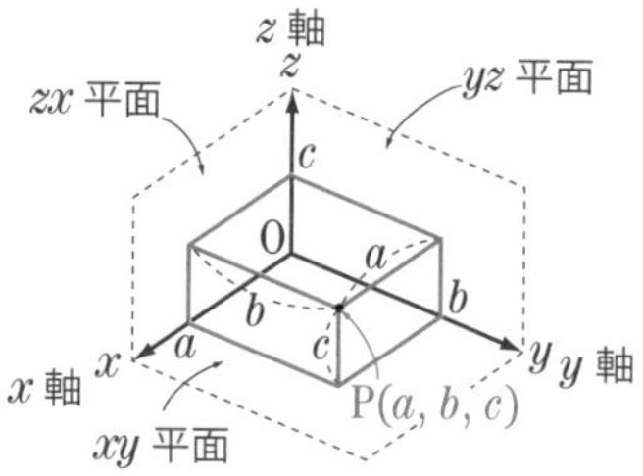

座標平面に平行な平面

x座標がaであり，y座標，z座標が任意の点の集合は，yz平面に平行な平面となる。この平面は$x=a$で表される。同様に，$y=b$，$z=c$も次の図のように考えることができる。

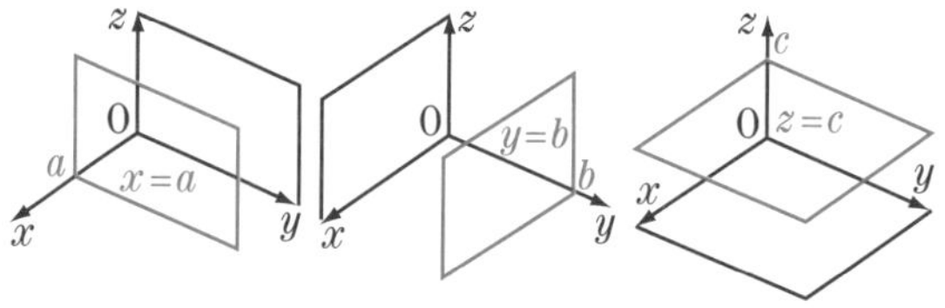

2点間の距離　2点$P(x_1,\ y_1,\ z_1)$，$Q(x_2,\ y_2,\ z_2)$に対して

$$\mathbf{PQ}=\sqrt{(x_2-x_1)^2+(y_2-y_1)^2+(z_2-z_1)^2}\qquad \text{とくに}\quad \mathbf{OP}=\sqrt{x_1{}^2+y_1{}^2+z_1{}^2}$$

38 空間ベクトル

空間ベクトル　平面で考えたベクトル$\overrightarrow{AB}$をそのまま空間内で考える。このとき，平面で学んだベクトルの性質はそのまま使える。

空間ベクトルの基本ベクトル　空間座標内で3点$E_1(1,\ 0,\ 0)$，$E_2(0,\ 1,\ 0)$，$E_3(0,\ 0,\ 1)$を考える。$\vec{e_1}=\overrightarrow{OE_1}$，$\vec{e_2}=\overrightarrow{OE_2}$，$\vec{e_3}=\overrightarrow{OE_3}$を$x$軸，$y$軸，$z$軸の基本ベクトルという。

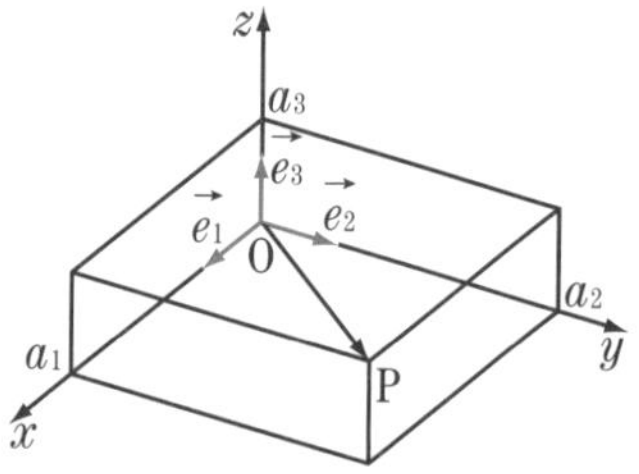

空間ベクトルの成分　空間内の任意のベクトル$\vec{a}$に対し，$\overrightarrow{OP}=\vec{a}$となる点$P(a_1,\ a_2,\ a_3)$を考える。このとき，$\vec{a}=\overrightarrow{OP}=a_1\vec{e_1}+a_2\vec{e_2}+a_3\vec{e_3}$と表せる。これを$\vec{a}$の基本ベクトル表示という。そして，$a_1$，$a_2$，$a_3$をそれぞれ$x$成分，$y$成分，$z$成分という。また，$\vec{a}$を$\vec{a}=(a_1,\ a_2,\ a_3)$と書き，これを$\vec{a}$の成分表示という。

39 空間ベクトルの内積

空間ベクトルの内積　$(\vec{a}\neq\vec{0},\ \vec{b}\neq\vec{0}$とする。$)$

$\vec{a}$と$\vec{b}$の内積は　$\vec{a}\cdot\vec{b}=|\vec{a}||\vec{b}|\cos\theta$（ただし，$\theta$は$\vec{a}$と$\vec{b}$のなす角。）

内積の基本性質と計算方法

① $\vec{a}\cdot\vec{b}=\vec{b}\cdot\vec{a}$　② $-|\vec{a}||\vec{b}|\leqq\vec{a}\cdot\vec{b}\leqq|\vec{a}||\vec{b}|$　③ $\vec{a}\cdot\vec{a}=|\vec{a}|^2$

④ $\vec{a}\cdot(\vec{b}+\vec{c})=\vec{a}\cdot\vec{b}+\vec{a}\cdot\vec{c}$，$(\vec{a}+\vec{b})\cdot\vec{c}=\vec{a}\cdot\vec{c}+\vec{b}\cdot\vec{c}$

⑤ $k(\vec{a}\cdot\vec{b})=(k\vec{a})\cdot\vec{b}=\vec{a}\cdot(k\vec{b})$（$k$は実数）

⑥ $|\vec{a}+\vec{b}|^2=|\vec{a}|^2+2\vec{a}\cdot\vec{b}+|\vec{b}|^2$　$|\vec{a}-\vec{b}|^2=|\vec{a}|^2-2\vec{a}\cdot\vec{b}+|\vec{b}|^2$

⑦ $(\vec{a}+\vec{b})\cdot(\vec{a}-\vec{b})=|\vec{a}|^2-|\vec{b}|^2$

空間ベクトルの内積と成分表示　$\vec{a}=(a_1,\ a_2,\ a_3)$，$\vec{b}=(b_1,\ b_2,\ b_3)$のとき

① $\vec{a}\cdot\vec{b}=a_1b_1+a_2b_2+a_3b_3$　② $\vec{a}\perp\vec{b}\iff\vec{a}\cdot\vec{b}=a_1b_1+a_2b_2+a_3b_3=0$

③ $\cos\theta=\dfrac{\vec{a}\cdot\vec{b}}{|\vec{a}||\vec{b}|}=\dfrac{a_1b_1+a_2b_2+a_3b_3}{\sqrt{a_1{}^2+a_2{}^2+a_3{}^2}\sqrt{b_1{}^2+b_2{}^2+b_3{}^2}}$

30 対称点 37 空間座標

点 P(2, 4, 3) について，次のものを求めよ。

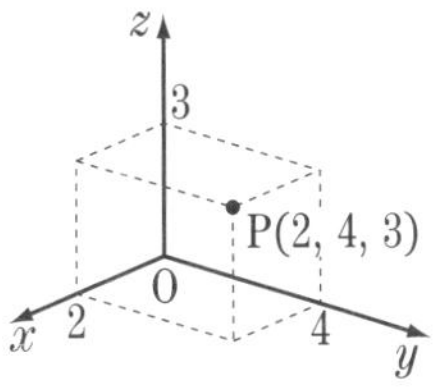

(1) 点 P の xy 平面に関する対称点 Q の座標

(2) 点 P の z 軸に関する対称点 R の座標

(3) 線分 QR の長さ

31 空間ベクトルの成分① 38 空間ベクトル

$\vec{a}=(1,\ 1,\ 0)$，$\vec{b}=(1,\ 0,\ 1)$，$\vec{c}=(0,\ 1,\ 1)$ のとき，$\vec{p}=(1,\ 4,\ -1)$ を $\vec{p}=l\vec{a}+m\vec{b}+n\vec{c}$ の形で表せ。

32 内積と成分表示① 39 空間ベクトルの内積

△OAB において，$\overrightarrow{OA}=\vec{a}=(2,\ 2,\ 0)$，$\overrightarrow{OB}=\vec{b}=(1,\ 2,\ -1)$ とするとき，次の問いに答えよ。

(1) $\overrightarrow{OA}$ と $\overrightarrow{OB}$ のなす角 θ を求めよ。

(2) △OAB の面積 S を求めよ。

ガイド

なにをする？

・点 P$(a,\ b,\ c)$ とする。
xy 平面に関して対称な点の座標は
Q$(a,\ b,\ -c)$
z 軸に関して対称な点の座標は
R$(-a,\ -b,\ c)$

・2 点 $(x_1,\ y_1,\ z_1)$，$(x_2,\ y_2,\ z_2)$ 間の距離は
$\sqrt{(x_2-x_1)^2+(y_2-y_1)^2+(z_2-z_1)^2}$

ヒラメキ

空間ベクトル
→平面ベクトルと同様。
ただ，z 成分が増えるだけ。

なにをする？

空間ベクトルの場合，$\vec{0}$ でなく，始点をそろえたとき同一平面上にない 3 つのベクトル $\vec{a}$，$\vec{b}$，$\vec{c}$ を使って，すべてのベクトル $\vec{p}$ は $\vec{p}=l\vec{a}+m\vec{b}+n\vec{c}$ の形で 1 通りに表される。

ヒラメキ

ベクトルの内積の性質
→空間ベクトルの性質は平面ベクトルの性質と同じ。

なにをする？

$\cos\theta=\dfrac{\vec{a}\cdot\vec{b}}{|\vec{a}||\vec{b}|}$

・成分計算において，z 成分が増えていることに注意。

ガイドなしでやってみよう！

33 **2点間の距離**

3点 A(2, 4, -2), B(3, 0, 1), C(-1, 3, 2) から等距離にある xy 平面上の点 D の座標を求めよ。

34 **平行六面体とベクトル**

平行六面体 ABCD-EFGH において，$\overrightarrow{AB}=\vec{a}$，$\overrightarrow{AD}=\vec{b}$，$\overrightarrow{AE}=\vec{c}$ とするとき，次のベクトルを $\vec{a}$，$\vec{b}$，$\vec{c}$ で表せ。

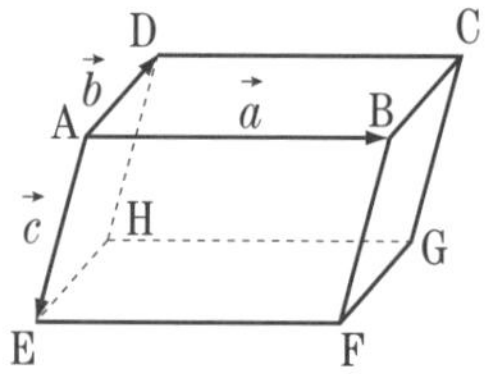

(1) $\overrightarrow{AG}$

(2) $\overrightarrow{EC}$

(3) $\overrightarrow{HB}$

35 **空間ベクトルの成分②**

$\vec{a}=(2,\ -3,\ 4)$，$\vec{b}=(1,\ 3,\ -2)$ のとき，次の問いに答えよ。

(1) $2\vec{a}-\vec{b}$ を成分で表せ。

(2) $3\vec{x}-\vec{b}=2\vec{a}+3\vec{b}+\vec{x}$ を満たす $\vec{x}$ を成分で表せ。また，$\vec{x}$ と同じ向きの単位ベクトルを成分で表せ。

36 **空間ベクトルの成分③**

3点 A(1, 2, -1), B(3, 4, 2), C(5, 8, 4) がある。四角形 ABCD が平行四辺形となるように，点 D の座標を定めよ。

37 空間ベクトルの内積

1辺の長さが1の立方体 ABCD-EFGH において，次の内積を求めよ。

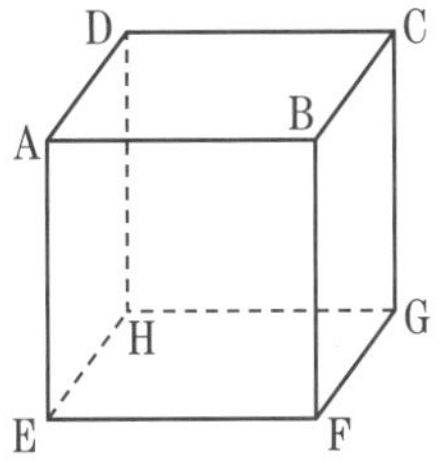

(1) $\overrightarrow{AC}\cdot\overrightarrow{AE}$

(2) $\overrightarrow{AC}\cdot\overrightarrow{AF}$

(3) $\overrightarrow{AC}\cdot\overrightarrow{AG}$

(4) $\overrightarrow{AB}\cdot\overrightarrow{EC}$

38 内積と成分表示②

$\vec{a}=(2,\ 1,\ 1)$，$\vec{b}=(-1,\ 1,\ -2)$ について，次の問いに答えよ。

(1) $\vec{a}$ と $\vec{b}$ のなす角 θ を求めよ。

(2) $\overrightarrow{OA}=\vec{a}$，$\overrightarrow{OB}=\vec{b}$ で表される △OAB の面積 S を求めよ。

(3) $\vec{a}$ と $\vec{a}+t\vec{b}$ が垂直になるような実数 t の値を求めよ。

5 空間図形とベクトル

ポイント

40 空間の位置ベクトル

位置ベクトルとその性質

空間においても平面と同様に位置ベクトルを定義することができ，$P(\vec{p})$ のように表すことにすると，次のような性質をもつ。$A(\vec{a})$，$B(\vec{b})$，$C(\vec{c})$ に対して

① $\overrightarrow{AB}=\vec{b}-\vec{a}$

② 線分 AB を $m:n$ に内分する点を $P(\vec{p})$，外分する点を $Q(\vec{q})$ とすると

$$\vec{p}=\frac{n\vec{a}+m\vec{b}}{m+n}$$ A B $m:n$ $$\vec{q}=\frac{-n\vec{a}+m\vec{b}}{m-n}$$ （ただし，$m\neq n$） A B $m:(-n)$

とくに，点 P が線分 AB の中点のとき $\vec{p}=\dfrac{\vec{a}+\vec{b}}{2}$

③ △ABC の重心を $G(\vec{g})$ とすると $\vec{g}=\dfrac{\vec{a}+\vec{b}+\vec{c}}{3}$

④ 異なる 3 点 A，B，C が一直線上にあるとき，$\overrightarrow{AC}=k\overrightarrow{AB}$ となる実数 k が存在する。

$\vec{p}=s\vec{a}+t\vec{b}+u\vec{c}$ の表現の一意性

同一平面上にない 4 点 O，A，B，C に対して，$\overrightarrow{OA}=\vec{a}$，$\overrightarrow{OB}=\vec{b}$，$\overrightarrow{OC}=\vec{c}$ とする。

① $s\vec{a}+t\vec{b}+u\vec{c}=s'\vec{a}+t'\vec{b}+u'\vec{c} \Longleftrightarrow s=s',\ t=t',\ u=u'$

とくに $s\vec{a}+t\vec{b}+u\vec{c}=\vec{0} \Longleftrightarrow s=t=u=0$

② 任意のベクトル $\vec{p}$ は $\vec{p}=s\vec{a}+t\vec{b}+u\vec{c}$（$s,\ t,\ u$：実数）とただ 1 通りに表される。

41 空間ベクトルと図形

空間ベクトルと直線

異なる 2 点 $A(\vec{a})$，$B(\vec{b})$ について，直線 AB を表すベクトル方程式は，直線 AB 上の動点を $P(\vec{p})$ とすると $\overrightarrow{AP}=t\overrightarrow{AB}$

これは，$\vec{p}-\vec{a}=t(\vec{b}-\vec{a})$ より，$\vec{p}=(1-t)\vec{a}+t\vec{b}$ とも書ける。

さらに，$s=1-t$ とおくと $\vec{p}=s\vec{a}+t\vec{b}$ $(s+t=1)$

空間ベクトルと平面

一直線上にない異なる 3 点 $A(\vec{a})$，$B(\vec{b})$，$C(\vec{c})$ について，平面 ABC を表すベクトル方程式は，平面 ABC 上の動点を $P(\vec{p})$ とすると $\overrightarrow{AP}=t\overrightarrow{AB}+u\overrightarrow{AC}$

これは，$\vec{p}-\vec{a}=t(\vec{b}-\vec{a})+u(\vec{c}-\vec{a})$ より，$\vec{p}=(1-t-u)\vec{a}+t\vec{b}+u\vec{c}$ とも書ける。

さらに，$s=1-t-u$ とおくと $\vec{p}=s\vec{a}+t\vec{b}+u\vec{c}$ $(s+t+u=1)$

42 空間ベクトルの応用

点 $P_0(\vec{p_0})$ を通り，$\vec{u}$ に平行な直線

$\vec{u}$：方向ベクトル（$\vec{u}\neq\vec{0}$ とする。）

この直線上の動点を $P(\vec{p})$，$\vec{p}=(x,\ y,\ z)$ とする。いま，$\vec{p_0}=(x_0,\ y_0,\ z_0)$，$\vec{u}=(a,\ b,\ c)$ とすると $\overrightarrow{P_0P}\,/\!/\,\vec{u} \Longleftrightarrow \overrightarrow{P_0P}=t\vec{u} \Longleftrightarrow \vec{p}-\vec{p_0}=t\vec{u} \Longleftrightarrow \vec{p}=\vec{p_0}+t\vec{u}$

つまり $\begin{cases} x=x_0+at \\ y=y_0+bt \\ z=z_0+ct \end{cases}$ t：媒介変数（パラメータ）

点 $C(\vec{c})$ を中心とする半径 r（>0）の球

この球面上の点を $P(\vec{p})$，$\vec{p}=(x,\ y,\ z)$ とする。いま，$\vec{c}=(x_0,\ y_0,\ z_0)$ とすると，

$|\overrightarrow{CP}|=r \Longleftrightarrow |\overrightarrow{CP}|^2=r^2 \Longleftrightarrow \overrightarrow{CP}\cdot\overrightarrow{CP}=r^2$

となる。$\overrightarrow{CP}=(x-x_0,\ y-y_0,\ z-z_0)$ であるので

$(x-x_0)^2+(y-y_0)^2+(z-z_0)^2=r^2$

点 $P_0(\vec{p_0})$ を通り $\vec{n}$ に垂直な平面　$\vec{n}$：法線ベクトル（$\vec{n} \neq \vec{0}$ とする。）
この平面上の点を $P(\vec{p})$，$\vec{p}=(x,\ y,\ z)$ とする。いま，$\vec{p_0}=(x_0,\ y_0,\ z_0)$，
$\vec{n}=(a,\ b,\ c)$ とすると　$\overrightarrow{P_0P} \perp \vec{n} \iff \overrightarrow{P_0P}\cdot\vec{n}=0 \iff (\vec{p}-\vec{p_0})\cdot\vec{n}=0$
つまり　$\boldsymbol{a(x-x_0)+b(y-y_0)+c(z-z_0)=0}$

39 **内分点・外分点②**　40 空間の位置ベクトル

2点 A$(-5,\ -2,\ 3)$，B$(5,\ 8,\ -7)$ について，線分 AB を $3:2$ に内分する点 P と外分する点 Q の座標を求めよ。

ガイド

ヒラメキ
内分・外分→分ける点。

なにをする？
A$(\vec{a})$，B$(\vec{b})$ とするとき，線分 AB を $m:n$ に分ける点を表す位置ベクトルは
$$\frac{n\vec{a}+m\vec{b}}{m+n}$$
内分のとき　$m>0,\ n>0$
外分のとき　$mn<0$

40 **空間ベクトルと平面①**　41 空間ベクトルと図形

3点 A$(1,\ -2,\ 3)$，B$(2,\ -1,\ 2)$，C$(5,\ -1,\ 1)$ がある。点 P$(x,\ x,\ x)$ が平面 ABC 上にあるとき，x の値を求めよ。

ヒラメキ
A，B，C，P が同一平面上

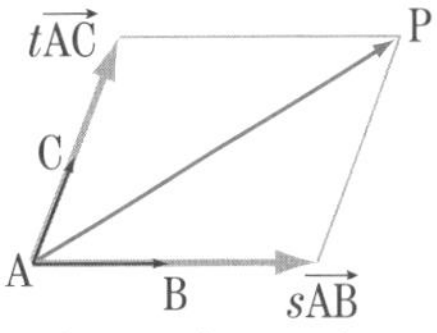

→$\overrightarrow{AP}=s\overrightarrow{AB}+t\overrightarrow{AC}$

なにをする？
$\overrightarrow{AP}=s\overrightarrow{AB}+t\overrightarrow{AC}$ を成分で表して，x の値を求める。

41 **平面の方程式**　42 空間ベクトルの応用

点 A$(1, 3, 4)$ を通り，法線ベクトルが $\vec{n}=(2,\ -3,\ 1)$ である平面の方程式を求めよ。

ヒラメキ
平面→$\overrightarrow{AP}\cdot\vec{n}=0$

なにをする？
$\overrightarrow{AP}\cdot\vec{n}=0$ を成分で計算すればよい。

ガイドなしでやってみよう！

42 内分・外分，成分と大きさ

2 点 A(1, 2, −3), B(4, 5, 0) について，次の問いに答えよ。

(1) 線分 AB を 2：1 に内分する点 P，外分する点 Q の座標を求めよ。

(2) (1)で求めた 2 点 P，Q で，$\overrightarrow{PQ}$ の成分と大きさを求めよ。

43 位置ベクトルの利用

四面体 OABC において，辺 OA，AB，BC，CO の中点をそれぞれ P，Q，R，S とするとき，次の事柄を証明せよ。

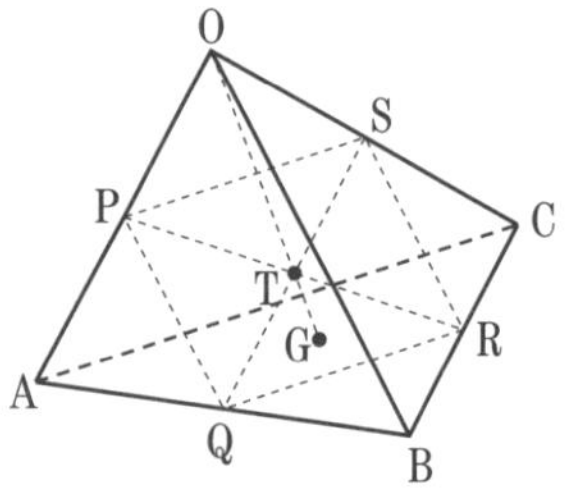

(1) 四角形 PQRS は平行四辺形である。

(2) 平行四辺形 PQRS の対角線の交点を T，△ABC の重心を G とするとき，3 点 O，T，G は一直線上にある。

44 空間ベクトルと平面②

空間の 4 点 $A(\vec{a})$，$B(\vec{b})$，$C(\vec{c})$，$P(\vec{p})$ が $\overrightarrow{OP}+\overrightarrow{AP}+2\overrightarrow{BP}+3\overrightarrow{CP}=\vec{0}$ を満たすとき，次の問いに答えよ。

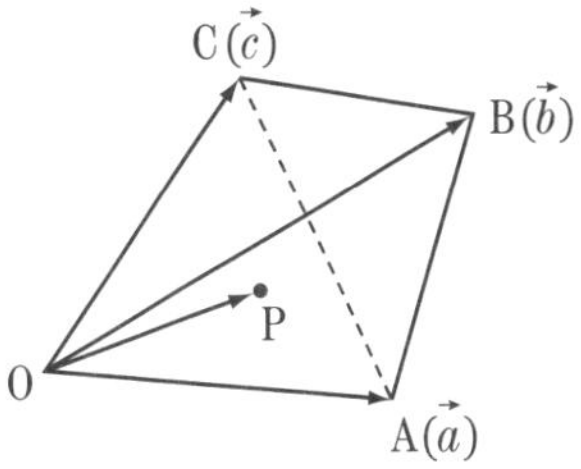

(1) $\vec{p}$ を $\vec{a}$，$\vec{b}$，$\vec{c}$ で表せ。

(2) OP の延長が，平面 ABC と交わる点を $Q(\vec{q})$ とするとき，$\vec{q}$ を $\vec{a}$，$\vec{b}$，$\vec{c}$ で表せ。

45 垂線の足

3 点 A(1, 0, 0)，B(0, 2, 0)，C(0, 0, 3) について，次の問いに答えよ。

(1) 平面 ABC の方程式を求めよ。

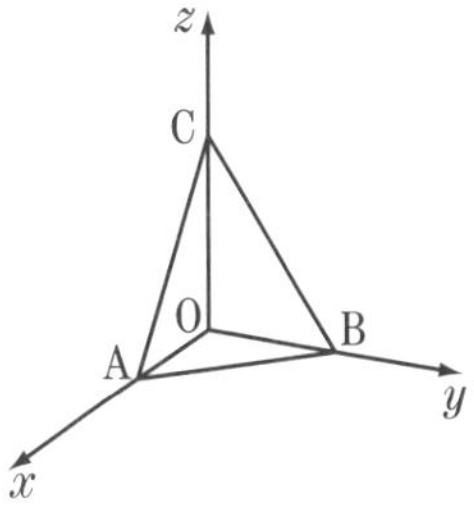

(2) 点 D(5, 5, 5) から平面 ABC に垂線 DH を下ろしたとき，点 H の座標を求めよ。

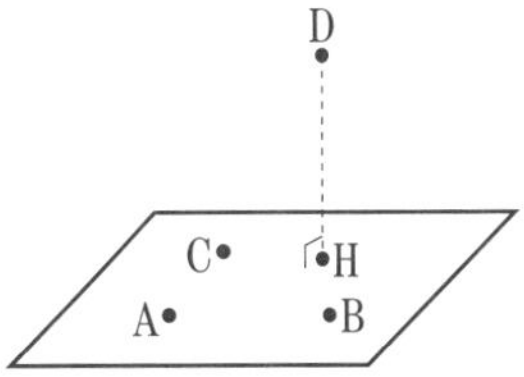

定期テスト対策問題

目標点　60点
制限時間　50分

点

1 $\vec{a}=(2,\ -3,\ 6)$, $\vec{b}=(1,\ 3,\ -4)$ のとき，次の問いに答えよ。 ⮌ 35 （各5点　計20点）

(1) $\vec{a}+2\vec{b}$ を成分で表せ。また，その大きさを求めよ。

(2) $\vec{a}$ と同じ向きの単位ベクトルを求めよ。

(3) $5\vec{x}-\vec{a}=2\vec{a}+3\vec{b}+2\vec{x}$ を満たす $\vec{x}$ を成分で表せ。

2 $\vec{a}=(-2,\ 1,\ -1)$, $\vec{b}=(1,\ 0,\ 1)$ について，次の問いに答えよ。 ⮌ 32 38
（各8点　計16点）

(1) $\vec{a}$ と $\vec{b}$ のなす角 θ を求めよ。

(2) $\overrightarrow{\mathrm{OA}}=\vec{a}$, $\overrightarrow{\mathrm{OB}}=\vec{b}$ とするとき，$\triangle\mathrm{OAB}$ の面積 S を求めよ。

3 $\vec{a}=(-3,\ 5,\ -1)$, $\vec{b}=(2,\ -1,\ 1)$ のとき，$\vec{p}=\vec{a}+t\vec{b}$ について，次の問いに答えよ。
⮌ 38 （各9点　計18点）

(1) $|\vec{p}|$ の最小値とそのときの t の値 t_0 を求めよ。

(2) (1)で求めた t_0 について，$\vec{a}+t_0\vec{b}$ と $\vec{b}$ が垂直であることを証明せよ。

4 空間ベクトル $\vec{a}$, $\vec{b}$ において, $|\vec{a}|=3$, $|\vec{b}|=2$, $|\vec{a}-\vec{b}|=\sqrt{19}$ のとき, 次の問いに答えよ。
⮌ 32 38
(各 6 点　計 18 点)

(1) $\vec{a}\cdot\vec{b}$ を求めよ。

(2) $\vec{a}$ と $\vec{b}$ のなす角 θ を求めよ。

(3) $\vec{a}+t\vec{b}$ と $\vec{a}-\vec{b}$ が垂直になるように, 実数 t の値を定めよ。

5 四面体 OABC と点 P が $3\overrightarrow{\mathrm{AP}}+2\overrightarrow{\mathrm{BP}}+\overrightarrow{\mathrm{CP}}=\vec{0}$ を満たすとき, 点 P と四面体 OABC の位置関係を調べよ。 ⮌ 39 43 44
(10 点)

6 2 点 A(1, −2, 3), B(3, 2, 5) がある。 ⮌ 40 41 45
(各 6 点　計 18 点)

(1) 2 点 A, B を通る直線の方程式を媒介変数 t を使って表せ。

(2) 点 A を通り $\overrightarrow{\mathrm{OB}}$ に垂直な平面の方程式を求めよ。

(3) 2 点 A, B を直径の両端とする球の方程式を求めよ。

平方・平方根・逆数の表

n	n^2	$\sqrt{n}$	$\sqrt{10n}$	$\frac{1}{n}$	n	n^2	$\sqrt{n}$	$\sqrt{10n}$	$\frac{1}{n}$
1	1	1.0000	3.1623	1.0000	51	2601	7.1414	22.5832	0.0196
2	4	1.4142	4.4721	0.5000	52	2704	7.2111	22.8035	0.0192
3	9	1.7321	5.4772	0.3333	53	2809	7.2801	23.0217	0.0189
4	16	2.0000	6.3246	0.2500	54	2916	7.3485	23.2379	0.0185
5	25	2.2361	7.0711	0.2000	55	3025	7.4162	23.4521	0.0182
6	36	2.4495	7.7460	0.1667	56	3136	7.4833	23.6643	0.0179
7	49	2.6458	8.3666	0.1429	57	3249	7.5498	23.8747	0.0175
8	64	2.8284	8.9443	0.1250	58	3364	7.6158	24.0832	0.0172
9	81	3.0000	9.4868	0.1111	59	3481	7.6811	24.2899	0.0169
10	100	3.1623	10.0000	0.1000	60	3600	7.7460	24.4949	0.0167
11	121	3.3166	10.4881	0.0909	61	3721	7.8102	24.6982	0.0164
12	144	3.4641	10.9545	0.0833	62	3844	7.8740	24.8998	0.0161
13	169	3.6056	11.4018	0.0769	63	3969	7.9373	25.0998	0.0159
14	196	3.7417	11.8322	0.0714	64	4096	8.0000	25.2982	0.0156
15	225	3.8730	12.2474	0.0667	65	4225	8.0623	25.4951	0.0154
16	256	4.0000	12.6491	0.0625	66	4356	8.1240	25.6905	0.0152
17	289	4.1231	13.0384	0.0588	67	4489	8.1854	25.8844	0.0149
18	324	4.2426	13.4164	0.0556	68	4624	8.2462	26.0768	0.0147
19	361	4.3589	13.7840	0.0526	69	4761	8.3066	26.2679	0.0145
20	400	4.4721	14.1421	0.0500	70	4900	8.3666	26.4575	0.0143
21	441	4.5826	14.4914	0.0476	71	5041	8.4261	26.6458	0.0141
22	484	4.6904	14.8324	0.0455	72	5184	8.4853	26.8328	0.0139
23	529	4.7958	15.1658	0.0435	73	5329	8.5440	27.0185	0.0137
24	576	4.8990	15.4919	0.0417	74	5476	8.6023	27.2029	0.0135
25	625	5.0000	15.8114	0.0400	75	5625	8.6603	27.3861	0.0133
26	676	5.0990	16.1245	0.0385	76	5776	8.7178	27.5681	0.0132
27	729	5.1962	16.4317	0.0370	77	5929	8.7750	27.7489	0.0130
28	784	5.2915	16.7332	0.0357	78	6084	8.8318	27.9285	0.0128
29	841	5.3852	17.0294	0.0345	79	6241	8.8882	28.1069	0.0127
30	900	5.4772	17.3205	0.0333	80	6400	8.9443	28.2843	0.0125
31	961	5.5678	17.6068	0.0323	81	6561	9.0000	28.4605	0.0123
32	1024	5.6569	17.8885	0.0313	82	6724	9.0554	28.6356	0.0122
33	1089	5.7446	18.1659	0.0303	83	6889	9.1104	28.8097	0.0120
34	1156	5.8310	18.4391	0.0294	84	7056	9.1652	28.9828	0.0119
35	1225	5.9161	18.7083	0.0286	85	7225	9.2195	29.1548	0.0118
36	1296	6.0000	18.9737	0.0278	86	7396	9.2736	29.3258	0.0116
37	1369	6.0828	19.2354	0.0270	87	7569	9.3274	29.4958	0.0115
38	1444	6.1644	19.4936	0.0263	88	7744	9.3808	29.6648	0.0114
39	1521	6.2450	19.7484	0.0256	89	7921	9.4340	29.8329	0.0112
40	1600	6.3246	20.0000	0.0250	90	8100	9.4868	30.0000	0.0111
41	1681	6.4031	20.2485	0.0244	91	8281	9.5394	30.1662	0.0110
42	1764	6.4807	20.4939	0.0238	92	8464	9.5917	30.3315	0.0109
43	1849	6.5574	20.7364	0.0233	93	8649	9.6437	30.4959	0.0108
44	1936	6.6332	20.9762	0.0227	94	8836	9.6954	30.6594	0.0106
45	2025	6.7082	21.2132	0.0222	95	9025	9.7468	30.8221	0.0105
46	2116	6.7823	21.4476	0.0217	96	9216	9.7980	30.9839	0.0104
47	2209	6.8557	21.6795	0.0213	97	9409	9.8489	31.1448	0.0103
48	2304	6.9282	21.9089	0.0208	98	9604	9.8995	31.3050	0.0102
49	2401	7.0000	22.1359	0.0204	99	9801	9.9499	31.4643	0.0101
50	2500	7.0711	22.3607	0.0200	100	10000	10.0000	31.6228	0.0100

正規分布表

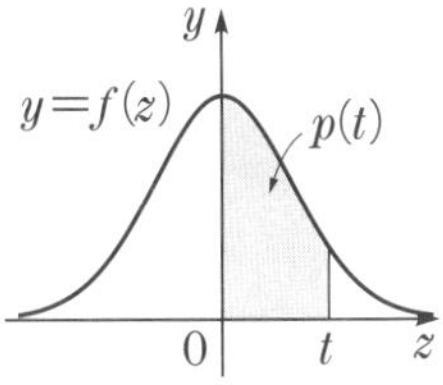

標準正規分布 $N(0,\ 1)$ に従う確率変数 Z において，$P(0 \leqq Z \leqq t)$ を $p(t)$ と表すと，$p(t)$ の値は右の図の色の部分の面積で，その値は次の表のようになる。

t	0.00	0.01	0.02	0.03	0.04	0.05	0.06	0.07	0.08	0.09
0.0	0.00000	0.00399	0.00798	0.01197	0.01595	0.01994	0.02392	0.02790	0.03188	0.03586
0.1	0.03983	0.04380	0.04776	0.05172	0.05567	0.05962	0.06356	0.06749	0.07142	0.07535
0.2	0.07926	0.08317	0.08706	0.09095	0.09483	0.09871	0.10257	0.10642	0.11026	0.11409
0.3	0.11791	0.12172	0.12552	0.12930	0.13307	0.13683	0.14058	0.14431	0.14803	0.15173
0.4	0.15542	0.15910	0.16276	0.16640	0.17003	0.17364	0.17724	0.18082	0.18439	0.18793
0.5	0.19146	0.19497	0.19847	0.20194	0.20540	0.20884	0.21226	0.21566	0.21904	0.22240
0.6	0.22575	0.22907	0.23237	0.23565	0.23891	0.24215	0.24537	0.24857	0.25175	0.25490
0.7	0.25804	0.26115	0.26424	0.26730	0.27035	0.27337	0.27637	0.27935	0.28230	0.28524
0.8	0.28814	0.29103	0.29389	0.29673	0.29955	0.30234	0.30511	0.30785	0.31057	0.31327
0.9	0.31594	0.31859	0.32121	0.32381	0.32639	0.32894	0.33147	0.33398	0.33646	0.33891
1.0	0.34134	0.34375	0.34614	0.34849	0.35083	0.35314	0.35543	0.35769	0.35993	0.36214
1.1	0.36433	0.36650	0.36864	0.37076	0.37286	0.37493	0.37698	0.37900	0.38100	0.38298
1.2	0.38493	0.38686	0.38877	0.39065	0.39251	0.39435	0.39617	0.39796	0.39973	0.40147
1.3	0.40320	0.40490	0.40658	0.40824	0.40988	0.41149	0.41309	0.41466	0.41621	0.41774
1.4	0.41924	0.42073	0.42220	0.42364	0.42507	0.42647	0.42785	0.42922	0.43056	0.43189
1.5	0.43319	0.43448	0.43574	0.43699	0.43822	0.43943	0.44062	0.44179	0.44295	0.44408
1.6	0.44520	0.44630	0.44738	0.44845	0.44950	0.45053	0.45154	0.45254	0.45352	0.45449
1.7	0.45543	0.45637	0.45728	0.45818	0.45907	0.45994	0.46080	0.46164	0.46246	0.46327
1.8	0.46407	0.46485	0.46562	0.46638	0.46712	0.46784	0.46856	0.46926	0.46995	0.47062
1.9	0.47128	0.47193	0.47257	0.47320	0.47381	0.47441	0.47500	0.47558	0.47615	0.47670
2.0	0.47725	0.47778	0.47831	0.47882	0.47932	0.47982	0.48030	0.48077	0.48124	0.48169
2.1	0.48214	0.48257	0.48300	0.48341	0.48382	0.48422	0.48461	0.48500	0.48537	0.48574
2.2	0.48610	0.48645	0.48679	0.48713	0.48745	0.48778	0.48809	0.48840	0.48870	0.48899
2.3	0.48928	0.48956	0.48983	0.49010	0.49036	0.49061	0.49086	0.49111	0.49134	0.49158
2.4	0.49180	0.49202	0.49224	0.49245	0.49266	0.49286	0.49305	0.49324	0.49343	0.49361
2.5	0.49379	0.49396	0.49413	0.49430	0.49446	0.49461	0.49477	0.49492	0.49506	0.49520
2.6	0.49534	0.49547	0.49560	0.49573	0.49585	0.49598	0.49609	0.49621	0.49632	0.49643
2.7	0.49653	0.49664	0.49674	0.49683	0.49693	0.49702	0.49711	0.49720	0.49728	0.49736
2.8	0.49744	0.49752	0.49760	0.49767	0.49774	0.49781	0.49788	0.49795	0.49801	0.49807
2.9	0.49813	0.49819	0.49825	0.49831	0.49836	0.49841	0.49846	0.49851	0.49856	0.49861
3.0	0.49865	0.49869	0.49874	0.49878	0.49882	0.49886	0.49889	0.49893	0.49896	0.49900
3.1	0.49903	0.49906	0.49910	0.49913	0.49916	0.49918	0.49921	0.49924	0.49926	0.49929
3.2	0.49931	0.49934	0.49936	0.49938	0.49940	0.49942	0.49944	0.49946	0.49948	0.49950
3.3	0.49952	0.49953	0.49955	0.49957	0.49958	0.49960	0.49961	0.49962	0.49964	0.49965
3.4	0.49966	0.49968	0.49969	0.49970	0.49971	0.49972	0.49973	0.49974	0.49975	0.49976
3.5	0.49977	0.49978	0.49978	0.49979	0.49980	0.49981	0.49981	0.49982	0.49983	0.49983
3.6	0.49984	0.49985	0.49985	0.49986	0.49986	0.49987	0.49987	0.49988	0.49988	0.49989
3.7	0.49989	0.49990	0.49990	0.49990	0.49991	0.49991	0.49992	0.49992	0.49992	0.49992
3.8	0.49993	0.49993	0.49993	0.49994	0.49994	0.49994	0.49994	0.49995	0.49995	0.49995
3.9	0.49995	0.49995	0.49996	0.49996	0.49996	0.49996	0.49996	0.49996	0.49997	0.49997

著者紹介

松田親典　MATSUDA Chikanori

神戸大学教育学部卒業後，奈良県の高等学校で長年にわたり数学の教諭として勤務。教頭，校長を経て退職。

奈良県数学教育会においては，教諭時代に役員を10年間，さらに校長時代には副会長，会長を務めた。

その後，奈良文化女子短期大学衛生看護学科で統計学を教える。この間，別の看護専門学校で数学の入試問題を作成。

のちに，同学の教授，学長，学校法人奈良学園常勤監事を経て，現在同学園の評議員。

趣味は，スキー，囲碁，水墨画。

著書に，

『高校これでわかる数学』シリーズ

『高校これでわかる問題集数学』シリーズ

『高校やさしくわかりやすい問題集数学』シリーズ

『看護医療系の数学Ⅰ＋A』

(いずれも文英堂)がある。

□ 執筆協力　森田真康

□ 編集協力　山腰政喜　飯塚真帆　安村祐二

□ 本文デザイン　土屋裕子（㈱ウエイド）

□ 図版作成　㈲ Y-Yard

シグマベスト

高校やさしくわかりやすい
問題集 数学B＋ベクトル

著　者　松田親典

発行者　益井英郎

印刷所　中村印刷株式会社

発行所　株式会社文英堂

〒601-8121　京都市南区上鳥羽大物町28

〒162-0832　東京都新宿区岩戸町17

(代表)03-3269-4231

●落丁・乱丁はおとりかえします。

ΣBEST シグマベスト

高校
やさしくわかりやすい
数学B+ベクトル
問題集

解答集

文英堂

もくじ

数学 B

第1章 数列

第2章 統計的な推測

数学 C

第3章 ベクトル

解答集の構成

この解答集は，本冊の問題に解答を書きこんだように作ってあります。ページは本冊にそろえています。問題も掲載して，使いやすくしました。基本的に，解答に当たる部分は色文字にしてあります。

ガイドには解答の手順を示す内容が書いてあるので，解答集にも載せてあります。解答と照らし合わせながら読み返すと，解答の流れがよくわかり，復習になります。

ポイント には重要事項が書いてあるので，解答集にも載せてあります。解答を確認しているときに，公式を忘れたり，何の操作をしているのかな？と，まよったときには参考にしてください。

解答部分は色文字で示しました。答案のように書いてあります。

最終解答の部分は太くしました。答えだけを解答する問題では，この部分だけ書けばいいことになります。しかし，数学の問題は解答を導くまでの過程がとても大切です。そのことを忘れないようにしてください。

4 漸化式と数学的帰納法

ポイント

10 漸化式

帰納的定義

数列 $\{a_n\}$ を，初項 a_1 の値と，a_n と a_{n+1} の関係式によって定義することを帰納的定義という。

漸化式

帰納的定義の a_n と a_{n+1} の関係式のことを漸化式という。

［注意］　今後断りがなければ，漸化式は $n=1, 2, 3, \cdots$ で成り立つものとする。

基本的な漸化式

数列 $\{a_n\}$ について，$a_1=a$ とする。

	漸化式		漸化式を読む		一般項
1	$a_{n+1}=a_n+d$	→	等差数列（公差一定）	→	$a_n=a+(n-1)d$
2	$a_{n+1}=ra_n$	→	等比数列（公比一定）	→	$a_n=ar^{n-1}$
3	$a_{n+1}=a_n+b_n$	→	階差数列	→	$a_n=a+\sum_{k=1}^{n-1}b_k$ $(n\geqq2)$

4　$a_{n+1}=pa_n+q$ $(p\neq0,\ 1,\ q\neq0)$

$-)\quad \alpha=p\alpha+q$ ← この式から α を求める。

$a_{n+1}-\alpha=p(a_n-\alpha)$ →数列 $\{a_n-\alpha\}$ は等比数列→$a_n=(a-\alpha)\cdot p^{n-1}+\alpha$

11 数学的帰納法

数学的帰納法

自然数 n に関する命題 $P(n)$ が任意の自然数 n について成り立つことを証明するための方法として，数学的帰納法がある。

任意の自然数 n について $P(n)$ が成り立つ。

⇕

［Ⅰ］$n=1$ のとき命題 $P(n)$ が成り立つ。
［Ⅱ］ある自然数 k に対し，$n=k$ のとき命題 $P(n)$ が成り立つことを仮定すれば，$n=k+1$ のときも $P(n)$ が成り立つ。

もう少しカンタンに表現すれば

［Ⅰ］命題 $P(1)$ は正しい。
［Ⅱ］ある自然数 k に対し，$P(k)$ は正しいと仮定すれば $P(k+1)$ も正しい。

30 **漸化式と一般項①**　**10** 漸化式

次の漸化式で表された数列 $\{a_n\}$ の一般項を求めよ。

(1) $a_1=1,\ a_{n+1}=a_n+3$

$a_{n+1}=a_n+3$ は公差 3 の等差数列を表す。

初項が 1 だから　$a_n=1+(n-1)\cdot3=\mathbf{3n-2}$ …答

(2) $a_1=2,\ a_{n+1}=3a_n$

$a_{n+1}=3a_n$ は公比 3 の等比数列を表す。

初項が 2 だから　$a_n=\mathbf{2\cdot3^{n-1}}$ …答

ガイド

ヒラメキ

漸化式
→基本パターンで解く。

なにをする？

(1) $a_{n+1}=a_n+d$→等差数列

(2) $a_{n+1}=ra_n$　→等比数列

16 — 第1章　数列

ガイドなしでやってみよう！

32 漸化式と一般項②

次の漸化式で表された数列 $\{a_n\}$ の一般項を求めよ。

(1) $a_1=2,\ a_{n+1}=a_n+4$

$a_{n+1}=a_n+4$ は公差 4 の等差数列を表す。

初項が 2 だから　$a_n=2+(n-1)\cdot 4=4n-2$　　よって　$a_n=4n-2$ …答

(2) $a_1=3,\ a_{n+1}=4a_n$

$a_{n+1}=4a_n$ は公比 4 の等比数列を表す。初項が 3 だから　$a_n=3\cdot 4^{n-1}$ …答

(3) $a_1=5,\ a_{n+1}=a_n+2^n$

$a_{n+1}-a_n=2^n$ は階差数列の一般項が 2^n であることを表す。

初項が 5 だから，$n \geqq 2$ のとき　←初項 2，公比 2，項数 $n-1$ の等比数列の和。

$a_n=5+\sum_{k=1}^{n-1}2^k=5+\frac{2(2^{n-1}-1)}{2-1}=2^n+3$

これは $2^1+3=5$ で，$n=1$ のときも成り立つから　$a_n=2^n+3$ …答

(4) $a_1=2,\ a_{n+1}=\frac{1}{3}a_n+1$

$a_{n+1}-\frac{3}{2}=\frac{1}{3}\left(a_n-\frac{3}{2}\right)$ より，数列 $\left\{a_n-\frac{3}{2}\right\}$ は初項 $a_1-\frac{3}{2}=2-\frac{3}{2}=\frac{1}{2}$，公比 $\frac{1}{3}$ の等比数列である。

$a_{n+1}=\frac{1}{3}a_n+1$

$-)\quad \alpha=\frac{1}{3}\alpha+1$ ⟶ この式を解いて $\alpha=\frac{3}{2}$

$a_{n+1}-\alpha=\frac{1}{3}(a_n-\alpha)$

よって，$a_n-\frac{3}{2}=\frac{1}{2}\cdot\left(\frac{1}{3}\right)^{n-1}$ より

33 漸化式と一般項③

漸化式 $a_1=1,\ a_{n+1}=3a_n+4^{n+1}$ につい…

(1) $\frac{a_n}{4^n}=b_n$ とおき，数列 $\{b_n\}$ の一般項…

$a_{n+1}=3a_n+4^{n+1}$ の両辺を 4^{n+1} で割る…

$\frac{a_{n+1}}{4^{n+1}}=\frac{3}{4}\cdot\frac{a_n}{4^n}+1$ より

$b_{n+1}=\frac{3}{4}b_n+1$，$b_1=\frac{a_1}{4}=\frac{1}{4}$

$b_{n+1}-4=\frac{3}{4}(b_n-4)$ より，数列 $\{b_n-…$

比数列である。よって，$b_n-4=-…$

(2) 数列 $\{a_n\}$ の一般項を求めよ。

$\frac{a_n}{4^n}=-5\left(\frac{3}{4}\right)^n+4$ より　$a_n=4^{n+1}-5…$

18 ― 第1章　数列

ガイドなしでやってみよう！

定期テスト対策問題

これらには，ポイント や ガイド がないので，解答の補注をたくさんつけました。解答を見直しているときにわからないところが出てきたら，参考にしてください。

定期テスト対策問題

目標点　60点
制限時間　50分
点

1 初項が 10，公差が 2 の等差数列 $\{a_n\}$ と，初項が 30，公差が -5 の等差数列 $\{b_n\}$ がある。$c_n=a_n+b_n$ を満たす数列 $\{c_n\}$ について，次の問いに答えよ。 ⊃ 6 11

((1)の a_n，b_n，(2)，(3)各 5 点　計 20 点)

(1) 2 つの等差数列 $\{a_n\}$，$\{b_n\}$ の一般項をそれぞれ n の式で表せ。　←$a_n=a+(n-1)d$

等差数列 $\{a_n\}$ は初項 10，公差 2 だから　$a_n=10+(n-1)\cdot 2=2n+8$ …答

等差数列 $\{b_n\}$ は初項 30，公差 -5 だから　$b_n=30+(n-1)\cdot(-5)=-5n+35$ …答

(2) 数列 $\{c_n\}$ が等差数列であることを示せ。

[証明]　$c_n=a_n+b_n=(2n+8)+(-5n+35)=-3n+43$

$c_{n+1}-c_n=\{-3(n+1)+43\}-(-3n+43)=-3$

c_{n+1} と c_n の差が -3 で一定だから，数列 $\{c_n\}$ は等差数列である。　[証明終わり]

(3) 数列 $\{c_n\}$ の初項から第 n 項までの和を S_n とするとき，S_n の最大値とそのときの n の値を求めよ。

$c_n=-3n+43>0$ を解くと，$n<\frac{43}{3}=14.3\cdots$ より，　←$c_{15}=-2$ なので $S_{14}>S_{15}$

数列 $\{c_n\}$ は第 14 項までは正だから，初項から第 14 項までの…が最大となる。

$c_1=40$，$c_{14}=1$ より　$S_{14}=\frac{14(40+1)}{2}=287$ $(n=14)$ …答

2 第 5 項が 48，第 8 項が 384 である等比数列 $\{a_n\}$ について，次の…いに答えよ。

⊃ 13 16 19　((1)の初項，…比，a_n，(2)各 5 点　計 20 点)

(1) 数列 $\{a_n\}$ の初項と公比を求め，一般項を n の式で表せ。

初項を a，公比を r とすると，第 5 項が 48 だから　$a_5=ar^4=$… …①

第 8 項が 384 だから　$a_8=ar^7=384$　…②

②÷①より　$r^3=8$　　r は実数なので　$r=2$

①より　$a=3$　　したがって，初項 3，公比 2，$a_n=3\cdot 2^{n-1}$ …答

(2) 等比数列 $\{a_n\}$ の初項から第 10 項までの和を求めよ。

初項 3，公比 2，項数 10 だから　$\frac{3(2^{10}-1)}{2-1}=3069$ …答

3 次の数列の初項から第 n 項までの和を求めよ。 ⊃ 26　(各 8 点　計 16 点)

一般項 $a_n=(2n-1)(2n+1)$ だから

$\sum_{k=1}^{n}(2k-1)(2k+1)=\sum_{k=1}^{n}(4k^2-1)=\frac{4}{6}n(n+1)(2n+1)-n$

$=\frac{1}{3}n\{2(n+1)(2n+1)-3\}=\frac{1}{3}n(4n^2+6n-1)$ …答

(2) $\frac{2}{1\cdot 3}$，$\frac{2}{3\cdot 5}$，$\frac{2}{5\cdot 7}$，…　$\left(ヒント：\frac{2}{(2n-1)(2n+1)}=\frac{1}{2n-1}-\frac{1}{2n+1}\right)$

一般項は $\frac{2}{(2n-1)(2n+1)}=\frac{1}{2n-1}-\frac{1}{2n+1}$ だから

$\sum_{k=1}^{n}\left(\frac{1}{2k-1}-\frac{1}{2k+1}\right)=\left(\frac{1}{1}-\frac{1}{3}\right)+\left(\frac{1}{3}-\frac{1}{5}\right)+\left(\frac{1}{5}-\frac{1}{7}\right)+\cdots+\left(\frac{1}{2n-1}-\frac{1}{2n+1}\right)$

$=1-\frac{1}{2n+1}=\frac{2n}{2n+1}$ …答

縦に書けば

$k=1\cdots 1-\frac{1}{3}$

$k=2\cdots \frac{1}{3}-\frac{1}{5}$

$k=3\cdots \frac{1}{5}-\frac{1}{7}$

⋮

$k=n\cdots \frac{1}{2n-1}-\frac{1}{2n+1}$

$1-\frac{1}{2n+1}$

20 ― 第1章　数列

補注で示した部分には，その問題の解答に関することだけではなく，一般的な内容や公式も書いてありますので，ぜひ他の問題を解くときにも参考にしてください。

第1章　数列

1　等差数列

ポイント

① 数列とは

数列の定義 ←数学Bでは，数列は実数の範囲で考える。

ある規則に従って，数を順に並べたものを**数列**という。

数列の項

数列のそれぞれの数を，**項**という。はじめから順に第1項（**初項**ともいう），第2項，第3項，…，第 n 項，…と呼ぶ。また，項の番号を添え字（サフィックス）に書いて

$a_1,\ a_2,\ a_3,\ a_4,\ a_5,\ \cdots,\ a_n,\ \cdots$

のように書く。また，数列全体を $\{a_n\}$ と表すことも多い。

一般項

第 n 項 a_n を表す n の式を，数列の**一般項**という。

有限数列・無限数列　↙有限数列の項の数を項数という。

項の数が有限である数列を**有限数列**，無限である数列を**無限数列**という。

② 等差数列

等差数列　↙公差という。

初項 a に次々と一定の数 d を加えて得られる数列を**等差数列**という。

$a_1=a,\ a_2=a+d,\ a_3=a+2d,\ a_4=a+3d,\ \cdots$

初項 a，公差 d の等差数列 $\{a_n\}$ の一般項は　$\boldsymbol{a_n=a+(n-1)d}$

等差数列の条件

数列 $\{a_n\}$ が等差数列 $\iff a_n=pn+q$（p，q は定数）

$\iff a_{n+1}=a_n+d$（d は定数）

等差中項

3つの数 a，b，c がこの順で等差数列 $\iff \boldsymbol{2b=a+c}$

等差数列の性質

2つの等差数列 $\{a_n\}$，$\{b_n\}$ と定数 k に対して

① 数列 $\{ka_n\}$ は等差数列　　② 数列 $\{a_n+b_n\}$ は等差数列

調和数列

数列 $\left\{\dfrac{1}{a_n}\right\}$ が等差数列になるとき，数列 $\{a_n\}$ は**調和数列**であるという。

③ 等差数列の和

等差数列の和

等差数列 $\{a_n\}$ の初項 a から第 n 項 l までの和を S_n とする。

$$S_n=a_1+a_2+a_3+\cdots+a_n=\boldsymbol{\frac{1}{2}n(a+l)}$$

さらに公差を d とすれば　$S_n=\boldsymbol{\dfrac{1}{2}n\{2a+(n-1)d\}}$

次の等式はよく使う。

① $1+2+3+\cdots+n=\dfrac{1}{2}n(n+1)$　　② $1+3+5+\cdots+(2n-1)=n^2$

1 数列① ❶数列とは

次の数列 $\{a_n\}$ の規則を考え，一般項を n の式で表せ。

$1,\ -2,\ 3,\ -4,\ 5,\ \cdots$

この数列の各項の絶対値をとった数列は

$1,\ 2,\ 3,\ 4,\ 5,\ \cdots,\ n$

符号を考えると順に

$1,\ -1,\ 1,\ -1,\ 1,\ \cdots$

$(-1)^0,\ (-1)^1,\ (-1)^2,\ (-1)^3,\ (-1)^4,\ \cdots,\ (-1)^{n-1}$

のように1と -1 が交互に出てくる。

したがって，一般項は　$\boldsymbol{a_n=(-1)^{n-1}n}$ …答

ガイド

ヒラメキ
数列
→規則をみつける。

なにをする？
$1,\ -2,\ 3,\ -4,\ 5,\ \cdots$
を分解して規則を考える。
$1,\ 2,\ 3,\ 4,\ 5,\ \cdots$
$1,\ -1,\ 1,\ -1,\ 1,\ \cdots$

2 等差数列① ❷等差数列

第3項が12，第10項が47である等差数列 $\{a_n\}$ の，初項と公差を求め，一般項を n の式で表せ。

初項を a，公差を d とすると　$a_n=a+(n-1)d$

第3項が12だから　$a+2d=12$　…①

第10項が47だから　$a+9d=47$　…②

①，②を解いて　$a=2,\ d=5$

したがって，**初項2，公差5，$\boldsymbol{a_n=5n-3}$** …答

ヒラメキ
等差数列
→公差が一定。

なにをする？
等差数列
$\{a_n\}:a,\ a+d,\ a+2d,\ \cdots$
の一般項は
$a_n=a+(n-1)d$

3 等差数列の和① ❸等差数列の和

次の等差数列の和を求めよ。

(1) 初項12，末項 -36，項数20

この数列は末項がわかっているので，初項 a，末項 l，項数 n の公式

$$S_n=\frac{1}{2}n(a+l)$$

を使う。よって

$$S_{20}=\frac{1}{2}\cdot 20\cdot(12-36)=\boldsymbol{-240}$$ …答

(2) 初項2，公差 $\frac{1}{2}$，項数10

この数列は初項と公差がわかっているので，初項 a，公差 d，項数 n の公式

$$S_n=\frac{1}{2}n\{2a+(n-1)d\}$$

を使う。よって

$$S_{10}=\frac{1}{2}\cdot 10\cdot\left\{2\cdot 2+(10-1)\cdot\frac{1}{2}\right\}=5\cdot\frac{17}{2}=\boldsymbol{\frac{85}{2}}$$ …答

ヒラメキ
等差数列の和
→公式は2種類。

なにをする？
順序を逆に並べて，縦に加える。

$$\begin{array}{rl} S_n= & a+(a+d)+\cdots+(l-d)+l \\ +)\ S_n= & l+(l-d)+\cdots+(a+d)+a \\ \hline 2S_n= & \underbrace{(a+l)+(a+l)+\cdots\cdots+(a+l)}_{n\text{個}} \end{array}$$

よって

$S_n=\frac{1}{2}n(a+l)$

↑ $l=a+(n-1)d$ だから

$S_n=\frac{1}{2}n\{2a+(n-1)d\}$

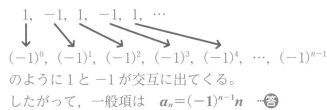

ガイドなしでやってみよう！

4 数列②

数列 $\{a_n\}$ の第 n 項 a_n が次の式で表されるとき，この数列の初項から第 5 項までを書け。

(1) $a_n=(-2)^n$

n に 1，2，3，4，5 を代入して

-2，4，-8，16，-32 …答

(2) $a_n=n^2+1$

n に 1，2，3，4，5 を代入して

2，5，10，17，26 …答

5 数列③

次の数列 $\{a_n\}$ の規則を考え，第 5 項と一般項を求めよ。

(1) $\frac{1}{4}$，$\frac{1}{2}$，$\frac{3}{4}$，1，□，…

$\frac{1}{4}$，$\frac{2}{4}$，$\frac{3}{4}$，$\frac{4}{4}$ と考えれば分母は常に 4，分子は 1，2，3，4，5，…，n だから，

$\boldsymbol{a_5=\frac{5}{4}}$，$\boldsymbol{a_n=\frac{n}{4}}$ …答

(2) 1，$\frac{1}{3}$，$\frac{1}{5}$，$\frac{1}{7}$，□，…

$\frac{1}{1}$，$\frac{1}{3}$，$\frac{1}{5}$，$\frac{1}{7}$，…と考えれば分子は常に 1，分母は 1，3，5，7，9，…

分母の数列は偶数 2，4，6，8，10，…より各項 1 ずつ小さい。

したがって，分母は，1，3，5，7，9，…，$2n-1$ だから

$\boldsymbol{a_5=\frac{1}{9}}$，$\boldsymbol{a_n=\frac{1}{2n-1}}$ …答

6 等差数列②

次の等差数列 $\{a_n\}$ の一般項を求めよ。

(1) 2，6，10，14，…

初項は 2，公差は 4 だから，

$a_n=2+(n-1)\cdot 4$ より

$\boldsymbol{a_n=4n-2}$ …答

(2) 8，3，-2，-7，…

初項は 8，公差は -5 だから，

$a_n=8+(n-1)\cdot(-5)$ より

$\boldsymbol{a_n=-5n+13}$ …答

7 等差中項

2，x，10 がこの順で等差数列をなすとき，x の値を求めよ。

等差数列をなす条件は，公差が一定だから，$x-2=10-x$ より　$2x=12$

したがって　$\boldsymbol{x=6}$ …答

[別解] 等差中項を使うと，$2x=2+10$ より　$\boldsymbol{x=6}$

8 等差数列③

第 2 項が 10 で第 8 項が -8 の等差数列 $\{a_n\}$ の初項と公差を求め，一般項を n の式で表せ。

初項を a，公差を d とすると，一般項は $a_n=a+(n-1)d$ で表される。

第 2 項が 10 より　$a_2=a+d=10$　…①

第 8 項が -8 より　$a_8=a+7d=-8$　…②

①，②を解いて　$a=13$，$d=-3$　よって　$a_n=13+(n-1)\cdot(-3)=-3n+16$

したがって　**初項 13，公差 -3，$a_n=-3n+16$**　…答

第1章 数列

9 等差数列④

等差数列をなす 3 つの数の和が 45，積が 2640 であるとき，この 3 つの数を求めよ。

等差数列をなす 3 つの数を，公差を d として $x-d$，x，$x+d$ とおくと

$(x-d)+x+(x+d)=45$　…①　$(x-d)x(x+d)=2640$　…②

①より，$3x=45$ だから　$x=15$

②に代入して，$(15-d)\cdot15\cdot(15+d)=2640$ より　$(15-d)(15+d)=176$

$225-d^2=176$　$d^2=49$ より　$d=\pm7$

$d=\pm7$ のどちらの場合も，等差数列をなす 3 つの数は　**8，15，22**　…答

10 等差数列の和②

初項から第 4 項までの和が 38 で，初項から第 10 項までの和が 185 である等差数列の初項から第 n 項までの和を求めよ。

初項を a，公差を d，初項から第 n 項までの和を S_n とする。

第 4 項までの和が 38 だから，$S_4=\frac{1}{2}\cdot4\cdot(2a+3d)=38$ より

$2a+3d=19$　…①

第 10 項までの和が 185 だから，$S_{10}=\frac{1}{2}\cdot10\cdot(2a+9d)=185$ より

$2a+9d=37$　…②

①，②を解いて，$a=5$，$d=3$ だから

$S_n=\frac{1}{2}n\{2\cdot5+(n-1)\cdot3\}=\boldsymbol{\frac{1}{2}n(3n+7)}$　…答

11 等差数列の和の最大値

初項が 50，公差が -8 の等差数列 $\{a_n\}$ の初項から第 n 項までの和を S_n とするとき，S_n の最大値とそのときの n の値を求めよ。

$a_n=50+(n-1)\cdot(-8)=-8n+58>0$ を解くと　$n<\frac{58}{8}=\frac{29}{4}=7.25$

よって，S_n が最大となる n の値は　$n=7$　←── 第 7 項までは正の数が並ぶ。

$a_7=2$ だから　$S_7=\frac{1}{2}\cdot7\cdot(50+2)=182$　**最大値 182（$n=7$）**　…答

2　等比数列と和の記号

ポイント

④ 等比数列

等比数列

初項 a に次々と一定の数 r を掛けて得られる数列を**等比数列**という。（r を公比という。）

$a_1=a,\ a_2=ar,\ a_3=ar^2,\ a_4=ar^3,\ \cdots$

初項 a，公比 r の等比数列 $\{a_n\}$ の一般項は　$\boldsymbol{a_n=ar^{n-1}}$

等比数列の条件

数列 $\{a_n\}$：等比数列 $\Longleftrightarrow a_{n+1}=a_nr$（$r$ は定数）　← 各項が 0 でない場合，$\dfrac{a_{n+1}}{a_n}=r$ と変形できる。

等比中項

3 つの数 $a,\ b,\ c$ がこの順で等比数列 $\Longleftrightarrow \boldsymbol{b^2=ac}$　← $\dfrac{b}{a}=\dfrac{c}{b}$

等比数列の性質

2 つの等比数列 $\{a_n\}$，$\{b_n\}$ と定数 k に対して

① 数列 $\{ka_n\}$ は等比数列　　② 数列 $\{a_n\cdot b_n\}$ は等比数列

③ 数列 $\left\{\dfrac{1}{a_n}\right\}$ は等比数列（ただし，数列 $\{a_n\}$ の各項は 0 ではない。）

⑤ 等比数列の和

等比数列の和

初項が a，公比が r の等比数列 $\{a_n\}$ の初項から第 n 項までの和を S_n とすると

$$S_n=\begin{cases} \boldsymbol{na} & (\boldsymbol{r=1}) \\ \boldsymbol{a\cdot\dfrac{1-r^n}{1-r}=a\cdot\dfrac{r^n-1}{r-1}} & (\boldsymbol{r\neq 1}) \end{cases}$$

[注意]　等比数列の問題を解くときには，指数計算がよく現れる。$2\cdot 3^n\neq 6^n$ なので，まちがえないように気をつけること。

⑥ 和の記号 Σ

和の記号 Σ

数列の和を表すのに $a_1+a_2+a_3+\cdots+a_n$ のように書いてきた。これを新しい記号“Σ”(シグマと読む)を用いて次のように表す。

$$a_1+a_2+a_3+\cdots+a_n=\sum_{k=1}^{n}\boldsymbol{a_k}$$

[注意]　$\displaystyle\sum_{k=1}^{n}a_k$ の k は変数のようなもの。問題文やそれまでの解答で使っていない文字ならどの文字を使ってもかまわない。

例　$1+2+3=\displaystyle\sum_{k=1}^{3}k=\sum_{i=1}^{3}i=\sum_{p=1}^{3}p=\sum_{n=1}^{3}n=\cdots$

12 等比数列① ④ 等比数列

次の等比数列 $\{a_n\}$ の第 4 項と一般項を求めよ。

(1) 1, 4, 16, □, …

初項 1, 公比 4 の等比数列である。

したがって　$a_4=64$, $a_n=4^{n-1}$ …答

(2) 3, −1, $\frac{1}{3}$, □, …

初項 3, 公比 $-\frac{1}{3}$ の等比数列である。

したがって　$a_4=-\frac{1}{9}$, $a_n=3\cdot\left(-\frac{1}{3}\right)^{n-1}$ …答

[参考]　(2)では $a_n=3\cdot\left(-\frac{1}{3}\right)^{n-1}=3\cdot(-1)^{n-1}\cdot3^{-(n-1)}=(-1)^{n-1}\cdot3^{2-n}$ を答えとしてもよい。

13 等比数列の和① ⑤ 等比数列の和

次の等比数列の初項から第 n 項までの和 S_n を求めよ。

(1) 2, 6, 18, 54, …

初項 2, 公比 3 の等比数列の和だから

$$S_n=\frac{2(3^n-1)}{3-1}=3^n-1$$ …答

(2) 1, $-\frac{1}{2}$, $\frac{1}{4}$, $-\frac{1}{8}$, …

初項 1, 公比 $-\frac{1}{2}$ の等比数列の和だから

$$S_n=\frac{1\left\{1-\left(-\frac{1}{2}\right)^n\right\}}{1-\left(-\frac{1}{2}\right)}=\frac{2}{3}\left\{1-\left(-\frac{1}{2}\right)^n\right\}$$ …答

14 和の記号① ⑥ 和の記号 Σ

次の和を求めよ。

(1) $\sum_{k=1}^{4}2k$

$=2+4+6+8=20$ …答

(2) $\sum_{i=1}^{3}i^2$

$=1^2+2^2+3^2=14$ …答

(3) $\sum_{k=1}^{4}3^{k-1}$

$=3^0+3^1+3^2+3^3=40$ …答

ガイド

ヒラメキ

等比数列

$\rightarrow a_n=ar^{n-1}$

なにをする？

初項と公比をみつける。

公比 $r=\frac{a_2}{a_1}=\frac{a_3}{a_2}$

一般に　$r=\frac{a_{n+1}}{a_n}$

ヒラメキ

等比数列の和

$\rightarrow S_n=\frac{a(1-r^n)}{1-r}$

$=\frac{a(r^n-1)}{r-1}$ $(r\neq1)$

なにをする？

公比 r の値によって，上の公式を使い分ける。

ヒラメキ

Σ→和の記号

なにをする？

$\sum_{k=1}^{n}a_k=a_1+a_2+\cdots+a_n$

$k=1, 2, 3, \cdots, n$ と順に代入して，具体的に書いてから計算する。

第1章 数列

ガイドなしでやってみよう！

15 等比数列②

次の等比数列 $\{a_n\}$ の第 5 項と一般項を求めよ。

(1) $\dfrac{1}{3}$, 1, 3, 9, □, …

初項 $\dfrac{1}{3}$，公比 3 の等比数列であるから　$\boldsymbol{a_5=27}$，$\boldsymbol{a_n}=\dfrac{1}{3}\cdot 3^{n-1}=\boldsymbol{3^{n-2}}$ …答

(2) 8, −4, 2, −1, □, …

初項 8，公比 $-\dfrac{1}{2}$ の等比数列であるから　$\boldsymbol{a_5=\dfrac{1}{2}}$，$\boldsymbol{a_n=8\cdot\left(-\dfrac{1}{2}\right)^{n-1}}$ …答

16 等比数列③

第 4 項が 24，第 7 項が −192 である等比数列 $\{a_n\}$ の一般項を求めよ。また，−3072 は第何項か答えよ。

初項を a，公比を r とすると，一般項は $a_n=ar^{n-1}$ となる。

第 4 項が 24 だから　$ar^3=24$　…①

第 7 項が −192 だから　$ar^6=-192$　…②

②÷①より　$r^3=-8$　r は実数なので　$r=-2$

①より，$a=-3$ だから，一般項は　$\boldsymbol{a_n=-3\cdot(-2)^{n-1}}$ …答

また，$-3\cdot(-2)^{n-1}=-3072$ より　$(-2)^{n-1}=1024$

$1024=(-2)^{10}$ だから，$n-1=10$ より　$n=11$

ゆえに，−3072 は**第 11 項**である。…答

②より　$ar^3\cdot r^3=-192$
①を代入して　$24r^3=-192$
よって　$r^3=-8$
としてもよい。

17 等比数列④

等比数列をなす 3 つの数の和が 21，積が 216 であるとき，この 3 つの数を求めよ。

等比数列の公比を r $(r\neq 0)$ として，3 つの数を $\dfrac{b}{r}$，b，br とおくと

$\dfrac{b}{r}+b+br=21$　…①　　$\dfrac{b}{r}\cdot b\cdot br=216$　…②

②より，$b^3=216$ で b は実数だから　$b=6$　　①に代入して　$6\left(\dfrac{1}{r}+1+r\right)=21$

$\dfrac{1}{r}+r+1=\dfrac{7}{2}$ より　$2r^2-5r+2=0$　　$(2r-1)(r-2)=0$　　$r=\dfrac{1}{2}$，2

$r=\dfrac{1}{2}$，2 のいずれの場合も，求める 3 つの数は　**3，6，12** …答

18 等比中項

3，x，12 がこの順で等比数列をなすとき，x の値を求めよ。

等比数列をなす条件は，公比が一定だから，$\dfrac{x}{3}=\dfrac{12}{x}$ より　$x^2=36$

したがって　$\boldsymbol{x=\pm 6}$ …答

［別解］ 等比中項を使うと，$x^2=3\times 12$ より　$\boldsymbol{x=\pm 6}$

19 等比数列の和②

初項 a，公比 r の等比数列の第 n 項までの和は $S_n=\frac{a(1-r^n)}{1-r}$ $(r\neq1)$

次の等比数列の初項から第 n 項までの和 S_n を求めよ。

(1) 4，-8，16，…

初項 4，公比 -2 であるから

$$S_n=\frac{4\{1-(-2)^n\}}{1-(-2)}$$

$$=\frac{4}{3}\{1-(-2)^n\}$$ …答

(2) 3，1，$\frac{1}{3}$，…

初項 3，公比 $\frac{1}{3}$ であるから

$$S_n=\frac{3\left\{1-\left(\frac{1}{3}\right)^n\right\}}{1-\frac{1}{3}}=\frac{9}{2}\left\{1-\left(\frac{1}{3}\right)^n\right\}$$ …答

20 等比数列の和③

第 3 項が 12 で，初項から第 3 項までの和が 21 である等比数列の初項と公比を求めよ。

初項を a，公比を r とすると，第 3 項が 12 だから　$ar^2=12$　…①

初項から第 3 項までの和が 21 だから　$a+ar+ar^2=21$　…②

②を変形して　$a(r^2+r+1)=21$　…③

①より，$r\neq0$ なので，$a=\frac{12}{r^2}$ を③に代入して　$\frac{12}{r^2}(r^2+r+1)=21$

$4(r^2+r+1)=7r^2$ だから，$3r^2-4r-4=0$ より　$(3r+2)(r-2)=0$

よって　$r=-\frac{2}{3}$，2　①より，$r=-\frac{2}{3}$ のとき　$a=27$　$r=2$ のとき　$a=3$

したがって　**初項 27 のとき公比 $-\frac{2}{3}$，初項 3 のとき公比 2** …答

21 和の記号②

次の和を求めよ。

(1) $\sum_{k=1}^{4}3$

$=3+3+3+3=\mathbf{12}$ …答

(2) $\sum_{k=1}^{3}4k$

$=4+8+12=\mathbf{24}$ …答

(3) $\sum_{k=1}^{8}3\cdot2^{k-1}$

$=3\cdot2^0+3\cdot2^1+3\cdot2^2+\cdots+3\cdot2^{8-1}$ ← 初項 3，公比 2，項数 8 の等比数列の和。

$=\frac{3(2^8-1)}{2-1}=3(256-1)=\mathbf{765}$ …答

第1章 数列

3 いろいろな数列

ポイント

7 いろいろな数列の和

自然数の累乗の和

1. $\sum_{k=1}^{n} 1 = 1+1+1+\cdots+1 = n$

2. $\sum_{k=1}^{n} k = 1+2+3+\cdots+n = \frac{1}{2}n(n+1)$

3. $\sum_{k=1}^{n} k^2 = 1^2+2^2+3^2+\cdots+n^2 = \frac{1}{6}n(n+1)(2n+1)$

4. $\sum_{k=1}^{n} k^3 = 1^3+2^3+3^3+\cdots+n^3 = \left\{\frac{1}{2}n(n+1)\right\}^2 = \frac{1}{4}n^2(n+1)^2$

等比数列の和

$$\sum_{k=1}^{n} ar^{k-1} = \begin{cases} a+a+a+\cdots+a = na & (r=1) \\ a+ar+ar^2+\cdots+ar^{n-1} = a\cdot\dfrac{r^n-1}{r-1} & (r \neq 1) \end{cases}$$

Σの性質

5. $\sum_{k=1}^{n}(a_k+b_k) = \sum_{k=1}^{n} a_k + \sum_{k=1}^{n} b_k$

6. $\sum_{k=1}^{n} pa_k = p\sum_{k=1}^{n} a_k$ （p は定数）

部分分数分解を利用する和

ペアで 0

$$\frac{1}{1\cdot 2}+\frac{1}{2\cdot 3}+\frac{1}{3\cdot 4}+\cdots+\frac{1}{n(n+1)} = \left(\frac{1}{1}-\frac{1}{2}\right)+\left(\frac{1}{2}-\frac{1}{3}\right)+\left(\frac{1}{3}-\frac{1}{4}\right)+\cdots+\left(\frac{1}{n}-\frac{1}{n+1}\right)$$

↑ $\frac{1}{k(k+1)} = \frac{1}{k} - \frac{1}{k+1}$

であるから

$$\sum_{k=1}^{n} \frac{1}{k(k+1)} = 1 - \frac{1}{n+1} = \frac{n}{n+1}$$

8 階差数列

階差数列

数列 $\{a_n\}$ に対して，$b_n = a_{n+1} - a_n$ $(n=1,\ 2,\ 3,\ \cdots)$ とおくとき，数列 $\{b_n\}$ を数列 $\{a_n\}$ の階差数列という。

階差数列の和

a_1，a_2，a_3，a_4，…，a_{n-1}，a_n，a_{n+1}，…

$+$ $(b_1+b_2+b_3+\cdots+b_{n-1})$　b_n

数列 $\{a_n\}$ の階差数列を $\{b_n\}$ とすると

$$a_n = a_1 + \sum_{k=1}^{n-1} b_k \quad (n \geqq 2)$$

数列の和と一般項

数列 $\{a_n\}$ の初項 a_1 から第 n 項 a_n までの和が S_n で与えられているとき

$$a_1 = S_1,\quad a_n = S_n - S_{n-1} \quad (n \geqq 2)$$

9 群に分けられた数列

群に分けられた数列 ← 群数列とよぶ。

数列を，ある規則に従って群に分けて考えることがある。分けられた群を前から順に，第 1 群，第 2 群，第 3 群，…という。次の事柄を考えることが多い。

- 第 n 群の最初の項はもとの数列の何番目か。
- 第 n 群の最初の項を n の式で表す。

22 Σの公式① 7 いろいろな数列の和

次の Σ で表された和を求めよ。

(1) $\displaystyle\sum_{k=1}^{n}(2k-1)^2=4\sum_{k=1}^{n}k^2-4\sum_{k=1}^{n}k+\sum_{k=1}^{n}1$

$\displaystyle=4\cdot\frac{1}{6}n(n+1)(2n+1)-4\cdot\frac{1}{2}n(n+1)+n$

$\displaystyle=\frac{n}{3}\{2(n+1)(2n+1)-6(n+1)+3\}$

$\displaystyle=\frac{n}{3}(4n^2-1)=\boldsymbol{\frac{1}{3}n(2n-1)(2n+1)}$ …答

(2) $\displaystyle\sum_{k=1}^{n}2\cdot3^{k-1}$ ← 初項 2，公比 3，項数 n

$=2\cdot3^{1-1}+2\cdot3^{2-1}+2\cdot3^{3-1}+\cdots+2\cdot3^{n-1}$

$\displaystyle=\frac{2(3^n-1)}{3-1}=\boldsymbol{3^n-1}$ …答

23 階差数列① 8 階差数列

数列 $\{a_n\}$：2，3，5，9，17，…の一般項を求めよ。

階差数列を $\{b_n\}$ とすると

2　3　5　9　17　…　a_n　a_{n+1}　…

　1　2　4　8　…　b_n　…

$\{b_n\}$ は初項 1，公比 2 の等比数列だから　$b_n=1\cdot2^{n-1}$

$n\geqq2$ のとき　$\displaystyle a_n=2+\sum_{k=1}^{n-1}2^{k-1}$ ← 初項 1，公比 2，項数 $n-1$

$\displaystyle=2+\frac{1(2^{n-1}-1)}{2-1}=2^{n-1}+1$

これは $2^0+1=2$ となり，$n=1$ のときも成り立つ。

よって　$\boldsymbol{a_n=2^{n-1}+1}$ …答

24 群数列① 9 群に分けられた数列

自然数の列 $\{a_n\}$ を次のように，第 n 群の項数が $2n-1$ となるように分けるとき，第 n 群の最初の項を n の式で表せ。

1 | 2，3，4 | 5，6，7，8，9 | 10，…

もとの数列 $\{a_n\}$ は，自然数の列なので $a_n=n$ と表される。第 1 群から第 n 群までのすべての項数を $T(n)$ とすると

$\displaystyle T(n)=1+3+5+\cdots+(2n-1)=\frac{n}{2}\{1+(2n-1)\}=n^2$

第 n 群の最初の項は，もとの数列の $T(n-1)+1$ 番目である。つまり，$(n-1)^2+1=n^2-2n+2$ 番目である。したがって　$a_{n^2-2n+2}=\boldsymbol{n^2-2n+2}$ …答

ガイド

ヒラメキ

和の計算
→公式を使って計算。

なにをする？

(1)は，まず展開して，
$\displaystyle\sum_{k=1}^{n}(4k^2-4k+1)$
$\displaystyle=4\sum_{k=1}^{n}k^2-4\sum_{k=1}^{n}k+\sum_{k=1}^{n}1$
として公式を適用する。

(2)の $\displaystyle\sum_{k=1}^{n}2\cdot3^{k-1}$ は，等比数列の和。初項，公比，項数を確認する。

ヒラメキ

階差数列
→階差をとってその一般項を求める。

なにをする？

・階差数列 $\{b_n\}$ の一般項 b_n を n で表す。
・$n\geqq2$ のとき ← $n-1$ に注意。
$\displaystyle a_n=a_1+\sum_{k=1}^{n-1}b_k$ ← b_k に直す。
・$n=1$ のときに成り立つかどうかを確かめる。

ヒラメキ

群数列
→
・もとの数の列が，数列をなす。
・群に分けたとき，各群に属する項数が数列をなす。

なにをする？

まず，「第 n 群の最初の項はもとの数列の何番目か」と自分に問いかける。
この問題では
$\underbrace{1+3+5+\cdots+(2n-3)}_{n-1\text{個}}+1$ 番目

第1章 数列

ガイドなしでやってみよう！

25 Σの公式②

次の和を求めよ。

(1) $\displaystyle\sum_{k=1}^{n}k(k+1)=\sum_{k=1}^{n}(k^2+k)=\sum_{k=1}^{n}k^2+\sum_{k=1}^{n}k=\frac{1}{6}n(n+1)(2n+1)+\frac{1}{2}n(n+1)$

$\displaystyle=\frac{1}{6}n(n+1)\{(2n+1)+3\}$

$\frac{1}{2}n(n+1)$ → $\frac{3}{6}n(n+1)$

$\frac{1}{6}n(n+1)$ でくくる。

$\displaystyle=\frac{1}{6}n(n+1)\cdot2(n+2)=\boldsymbol{\frac{1}{3}n(n+1)(n+2)}$ …答

(2) $\displaystyle\sum_{k=1}^{n}k^2(k+3)=\sum_{k=1}^{n}(k^3+3k^2)=\sum_{k=1}^{n}k^3+3\sum_{k=1}^{n}k^2=\left\{\frac{1}{2}n(n+1)\right\}^2+\frac{3}{6}n(n+1)(2n+1)$

$\displaystyle=\frac{1}{4}n(n+1)\{n(n+1)+2(2n+1)\}$

$\frac{1}{4}n^2(n+1)^2$　　$\frac{2}{4}n(n+1)(2n+1)$

$\frac{1}{4}n(n+1)$ でくくる。

$\displaystyle=\boldsymbol{\frac{1}{4}n(n+1)(n^2+5n+2)}$ …答

(3) $\displaystyle\sum_{k=1}^{n}3\cdot4^{k-1}=3\cdot4^{1-1}+3\cdot4^{2-1}+\cdots+3\cdot4^{n-1}$ ← 初項 3，公比 4，項数 n の等比数列の和。

$\displaystyle=\frac{3(4^n-1)}{4-1}=\boldsymbol{4^n-1}$ …答

26 いろいろな数列の和

次の和を求めよ。

(1) $5+8+11+\cdots+(3n+2)$

$\displaystyle=\sum_{k=1}^{n}(3k+2)=3\sum_{k=1}^{n}k+\sum_{k=1}^{n}2$ ← 実は，初項 5，末項 $3n+2$，項数 n の等差数列の和だから $\frac{1}{2}n(5+3n+2)=\frac{1}{2}n(3n+7)$ としてもよい。

$\displaystyle=3\cdot\frac{1}{2}n(n+1)+2n=\boldsymbol{\frac{1}{2}n(3n+7)}$ …答

(2) $\displaystyle\frac{1}{2^2-1}+\frac{1}{4^2-1}+\frac{1}{6^2-1}+\cdots+\frac{1}{(2n)^2-1}$ $\left(\text{ヒント：}\frac{1}{(2k-1)(2k+1)}=\frac{1}{2}\left(\frac{1}{2k-1}-\frac{1}{2k+1}\right)\right)$

$\displaystyle\frac{1}{(2k)^2-1}=\frac{1}{(2k-1)(2k+1)}=\frac{1}{2}\left(\frac{1}{2k-1}-\frac{1}{2k+1}\right)$ だから

$\displaystyle\sum_{k=1}^{n}\frac{1}{(2k-1)(2k+1)}=\frac{1}{2}\sum_{k=1}^{n}\left(\frac{1}{2k-1}-\frac{1}{2k+1}\right)$

$\displaystyle=\frac{1}{2}\left\{\left(1-\frac{1}{3}\right)+\left(\frac{1}{3}-\frac{1}{5}\right)+\left(\frac{1}{5}-\frac{1}{7}\right)+\cdots+\left(\frac{1}{2n-1}-\frac{1}{2n+1}\right)\right\}$

$\displaystyle=\frac{1}{2}\left(1-\frac{1}{2n+1}\right)=\frac{2n+1-1}{2(2n+1)}=\boldsymbol{\frac{n}{2n+1}}$ …答

縦に並べると計算がわかりやすい。

$k=1\cdots\frac{1}{2}\left(1-\frac{1}{3}\right)$

$k=2\cdots\frac{1}{2}\left(\frac{1}{3}-\frac{1}{5}\right)$

$k=3\cdots\frac{1}{2}\left(\frac{1}{5}-\frac{1}{7}\right)$

⋮

$k=n\cdots\frac{1}{2}\left(\frac{1}{2n-1}-\frac{1}{2n+1}\right)$

$\frac{1}{2}\left(1-\frac{1}{2n+1}\right)$

27 階差数列②

次の数列 $\{a_n\}$ の一般項を求めよ。

(1) 2, 4, 7, 11, 16, …

階差数列を $\{b_n\}$ とすると

$$\begin{array}{ccccccccccc} 2 & & 4 & & 7 & & 11 & & 16 & \cdots & a_n \quad a_{n+1} \quad \cdots \\ & 2 & & 3 & & 4 & & 5 & & \cdots & b_n \quad \cdots \end{array}$$

$\{b_n\}$ は初項 2，公差 1 の等差数列。

よって　$b_n=2+(n-1)\cdot 1=n+1$

$n \geqq 2$ のとき，$a_n=2+\sum_{k=1}^{n-1}(k+1)$ より

$$a_n=2+\frac{1}{2}(n-1)\cdot n+(n-1)$$

$$=\frac{1}{2}(n^2+n+2)$$

これは $\frac{1}{2}(1^2+1+2)=2$ となって，

$n=1$ のときも成り立つから

$$\boldsymbol{a_n=\frac{1}{2}(n^2+n+2)}$$ …答

(2) 2, 3, 6, 15, 42, …

階差数列を $\{b_n\}$ とすると

$$\begin{array}{ccccccccccc} 2 & & 3 & & 6 & & 15 & & 42 & \cdots & a_n \quad a_{n+1} \quad \cdots \\ & 1 & & 3 & & 9 & & 27 & & \cdots & b_n \quad \cdots \end{array}$$

$\{b_n\}$ は初項 1，公比 3 の等比数列。

よって　$b_n=1\cdot 3^{n-1}=3^{n-1}$

$n \geqq 2$ のとき，$a_n=2+\sum_{k=1}^{n-1}3^{k-1}$ より

$$a_n=2+\frac{1(3^{n-1}-1)}{3-1}=\frac{1}{2}(3^{n-1}+3)$$

これは $\frac{1}{2}(3^{1-1}+3)=2$ となって，$n=1$ のときも成り立つから

$$\boldsymbol{a_n=\frac{1}{2}(3^{n-1}+3)}$$ …答

28 数列の和と一般項

数列 $\{a_n\}$ の初項から第 n 項までの和が $S_n=3n^2-2n$ であるとき，一般項を求めよ。

まず　$a_1=S_1=3\cdot 1^2-2\cdot 1=1$

次に，$n \geqq 2$ のとき

$$a_n=S_n-S_{n-1}=(3n^2-2n)-\{3(n-1)^2-2(n-1)\}=6n-5$$

これは $n=1$ のとき $6\cdot 1-5=1$ となり成り立つので　$\boldsymbol{a_n=6n-5}$ …答

29 群数列②

正の奇数の列を次のように，第 n 群の項数が $2n$ となるように分けるとき，次の問いに答えよ。

1, 3 | 5, 7, 9, 11 | 13, 15, 17, 19, 21, 23 | …

(1) 第 n 群の最初の項を求めよ。

もとの数列 $\{a_n\}$ は初項 1，公差 2 の等差数列だから　$a_n=2n-1$

第 1 群から第 n 群までのすべての項数を $T(n)$ とすると

$$T(n)=2+4+6+\cdots+2n=n(n+1)$$ ←初項 2，末項 $2n$，項数 n の等差数列の和。

第 n 群の最初の項はもとの数列の $T(n-1)+1$ 番目である。

つまり，$(n-1)\cdot n+1=n^2-n+1$ 番目である。

したがって　$a_{n^2-n+1}=2(n^2-n+1)-1=\boldsymbol{2n^2-2n+1}$ …答

(2) 第 n 群の $2n$ 個の項の和 S_n を求めよ。

第 n 群は初項 $2n^2-2n+1$，公差 2，項数 $2n$ の等差数列であるから，その和は

$$S_n=\frac{1}{2}\cdot 2n\{2(2n^2-2n+1)+(2n-1)\cdot 2\}=\boldsymbol{4n^3}$$ …答

4 漸化式と数学的帰納法

ポイント

10 漸化式

帰納的定義

数列$\{a_n\}$を，初項a_1の値と，a_nとa_{n+1}の関係式によって定義することを帰納的定義という。

漸化式

帰納的定義のa_nとa_{n+1}の関係式のことを漸化式という。

[注意] 今後断りがなければ，漸化式は$n=1, 2, 3, \cdots$で成り立つものとする。

基本的な漸化式

数列$\{a_n\}$について，$a_1=a$とする。

	漸化式	→	漸化式を読む	→	一般項
1	$a_{n+1}=a_n+d$	→	等差数列（公差一定）	→	$a_n=a+(n-1)d$
2	$a_{n+1}=ra_n$	→	等比数列（公比一定）	→	$a_n=ar^{n-1}$
3	$a_{n+1}=a_n+b_n$	→	階差数列	→	$a_n=a+\sum_{k=1}^{n-1}b_k\ (n\geqq 2)$

4 $\quad a_{n+1}=pa_n+q\ (p\neq 0, 1, q\neq 0)$

$-)\quad \alpha=p\alpha+q$ ⟵ この式からαを求める。

$a_{n+1}-\alpha=p(a_n-\alpha)$ →数列$\{a_n-\alpha\}$は等比数列→$a_n=(a-\alpha)\cdot p^{n-1}+\alpha$

11 数学的帰納法

数学的帰納法

自然数nに関する命題P(n)が任意の自然数nについて成り立つことを証明するための方法として，数学的帰納法がある。

任意の自然数nについてP(n)が成り立つ。

⇕

[I] $n=1$のとき命題P(n)が成り立つ。
[II] ある自然数kに対し，$n=k$のとき命題P(n)が成り立つことを仮定すれば，$n=k+1$のときもP(n)が成り立つ。

もう少しカンタンに表現すれば

[I] 命題P(1)は正しい。
[II] ある自然数kに対し，P(k)は正しいと仮定すればP$(k+1)$も正しい。

30 漸化式と一般項① 10 漸化式

次の漸化式で表された数列$\{a_n\}$の一般項を求めよ。

(1) $a_1=1,\ a_{n+1}=a_n+3$

$a_{n+1}=a_n+3$は公差3の等差数列を表す。

初項が1だから　$\boldsymbol{a_n=1+(n-1)\cdot 3=3n-2}$ …答

(2) $a_1=2,\ a_{n+1}=3a_n$

$a_{n+1}=3a_n$は公比3の等比数列を表す。

初項が2だから　$\boldsymbol{a_n=2\cdot 3^{n-1}}$ …答

ガイド

ヒラメキ

漸化式
→基本パターンで解く。

なにをする？

(1) $a_{n+1}=a_n+d$→等差数列

(2) $a_{n+1}=ra_n$ →等比数列

(3) $a_1=1,\ a_{n+1}=a_n+3n+1$

$a_{n+1}-a_n=3n+1$ は階差数列の一般項が $3n+1$ であることを表す。初項が 1 だから，$n \geqq 2$ のとき

$$a_n=1+\sum_{k=1}^{n-1}(3k+1)=1+\frac{3}{2}(n-1)n+(n-1)$$
$$=\frac{1}{2}n(3n-1)$$

これは $\frac{1}{2}\cdot1(3-1)=1$ となって，$n=1$ のときも成り立つから　$\boldsymbol{a_n=\frac{1}{2}n(3n-1)}$ …答

(4) $a_1=2,\ a_{n+1}=2a_n+3$

$$\begin{array}{rl} & a_{n+1}=2a_n+3 \\ -) & \alpha=2\alpha+3 \\ \hline & a_{n+1}-\alpha=2(a_n-\alpha) \end{array}$$

⟶ この式を解いて　$\alpha=-3$

$\alpha=-3$ だから，$a_{n+1}+3=2(a_n+3)$ より，

数列 $\{a_n+3\}$ は初項 $a_1+3=5$，公比 2 の等比数列。

よって　$a_n+3=5\cdot2^{n-1}$

したがって　$\boldsymbol{a_n=5\cdot2^{n-1}-3}$ …答

ガイド

なにをする？

(3) $a_{n+1}=a_n+b_n$→階差数列

$\sum_{k=1}^{n}k=\frac{1}{2}n(n+1)$ より

$\sum_{k=1}^{n-1}k=\frac{1}{2}(n-1)n$

(4)
$$\begin{array}{rl} & a_{n+1}=pa_n+q \\ -) & \alpha=p\alpha+q \\ \hline & a_{n+1}-\alpha=p(a_n-\alpha) \end{array}$$
より，数列 $\{a_n-\alpha\}$ は等比数列。

31 数学的帰納法①　11 数学的帰納法

n を自然数とするとき，次の等式を証明せよ。

$1+2+2^2+\cdots+2^{n-1}=2^n-1$　…①

[証明]

[Ⅰ] $n=1$ のとき　(左辺)$=1$　(右辺)$=2^1-1=1$

よって，$n=1$ のとき①は成り立つ。

[Ⅱ] $n=k$ のとき，①が成り立つと仮定すると

$1+2+2^2+\cdots+2^{k-1}=2^k-1$　…②

$n=k+1$ のとき

(①の左辺)$=\underline{1+2+2^2+\cdots+2^{k-1}}+2^k$　←②を代入する。

$=2^k-1+2^k=2\cdot2^k-1=2^{k+1}-1$

$=$(①の右辺)

$n=k+1$ のときも①は成り立つ。

[Ⅰ]，[Ⅱ]より，すべての自然数 n に対して，①は成り立つ。　[証明終わり]

ヒラメキ

n：自然数のときの証明
→数学的帰納法

なにをする？

[Ⅰ] $n=1$ のときに成り立つことをいう。

[Ⅱ] $n=k$ のときに成り立つと仮定して，$n=k+1$ のときに成り立つことをいう。

- 数学的帰納法では証明する手順が決まっているので覚えてしまおう。
- $n=k+1$ に対する①を意識しながら変形することを心がける。

ガイドなしでやってみよう！

32 漸化式と一般項②

次の漸化式で表された数列 $\{a_n\}$ の一般項を求めよ。

(1) $a_1=2,\ a_{n+1}=a_n+4$

$a_{n+1}=a_n+4$ は公差 4 の等差数列を表す。

初項が 2 だから　$a_n=2+(n-1)\cdot 4=4n-2$　　よって　$\boldsymbol{a_n=4n-2}$ …答

(2) $a_1=3,\ a_{n+1}=4a_n$

$a_{n+1}=4a_n$ は公比 4 の等比数列を表す。初項が 3 だから　$\boldsymbol{a_n=3\cdot 4^{n-1}}$ …答

(3) $a_1=5,\ a_{n+1}=a_n+2^n$

$a_{n+1}-a_n=2^n$ は階差数列の一般項が 2^n であることを表す。

初項が 5 だから，$n\geqq 2$ のとき

$$a_n=5+\sum_{k=1}^{n-1}2^k=5+\frac{2(2^{n-1}-1)}{2-1}=2^n+3$$

（初項 2，公比 2，項数 $n-1$ の等比数列の和。）

これは $2^1+3=5$ で，$n=1$ のときも成り立つから　$\boldsymbol{a_n=2^n+3}$ …答

(4) $a_1=2,\ a_{n+1}=\dfrac{1}{3}a_n+1$

$a_{n+1}-\dfrac{3}{2}=\dfrac{1}{3}\left(a_n-\dfrac{3}{2}\right)$ より，数列 $\left\{a_n-\dfrac{3}{2}\right\}$ は初項 $a_1-\dfrac{3}{2}=2-\dfrac{3}{2}=\dfrac{1}{2}$，公比 $\dfrac{1}{3}$ の等比数列である。

$$\begin{array}{rl} & a_{n+1}=\frac{1}{3}a_n+1 \\ -) & \alpha=\frac{1}{3}\alpha+1 \\ \hline & a_{n+1}-\alpha=\frac{1}{3}(a_n-\alpha)\end{array}$$

（$\alpha=\frac{1}{3}\alpha+1$ → この式を解いて $\alpha=\dfrac{3}{2}$）

よって，$a_n-\dfrac{3}{2}=\dfrac{1}{2}\cdot\left(\dfrac{1}{3}\right)^{n-1}$ より　$\boldsymbol{a_n=\dfrac{1}{2}\left(\dfrac{1}{3}\right)^{n-1}+\dfrac{3}{2}}$ …答

33 漸化式と一般項③

漸化式 $a_1=1,\ a_{n+1}=3a_n+4^{n+1}$ について，次の問いに答えよ。

(1) $\dfrac{a_n}{4^n}=b_n$ とおき，数列 $\{b_n\}$ の一般項を求めよ。

$a_{n+1}=3a_n+4^{n+1}$ の両辺を 4^{n+1} で割る。

$\dfrac{a_{n+1}}{4^{n+1}}=\dfrac{3}{4}\cdot\dfrac{a_n}{4^n}+1$ より

$b_{n+1}=\dfrac{3}{4}b_n+1,\ b_1=\dfrac{a_1}{4}=\dfrac{1}{4}$

$$\begin{array}{rl} & b_{n+1}=\frac{3}{4}b_n+1 \\ -) & \alpha=\frac{3}{4}\alpha+1 \\ \hline & b_{n+1}-\alpha=\frac{3}{4}(b_n-\alpha)\end{array}$$

（$\alpha=\frac{3}{4}\alpha+1$ → この式を解いて $\alpha=4$）

$b_{n+1}-4=\dfrac{3}{4}(b_n-4)$ より，数列 $\{b_n-4\}$ は初項 $b_1-4=\dfrac{1}{4}-4=-\dfrac{15}{4}$，公比 $\dfrac{3}{4}$ の等比数列である。よって，$b_n-4=-\dfrac{15}{4}\left(\dfrac{3}{4}\right)^{n-1}$ より　$\boldsymbol{b_n=-5\left(\dfrac{3}{4}\right)^n+4}$ …答

(2) 数列 $\{a_n\}$ の一般項を求めよ。

$\dfrac{a_n}{4^n}=-5\left(\dfrac{3}{4}\right)^n+4$ より　$\boldsymbol{a_n=4^{n+1}-5\cdot 3^n}$ …答

34 数学的帰納法②

n を自然数とする。$1^3+2^3+3^3+\cdots+n^3=\frac{1}{4}n^2(n+1)^2$ を証明せよ。

［証明］　$1^3+2^3+3^3+\cdots+n^3=\frac{1}{4}n^2(n+1)^2$　…①とする。

［Ⅰ］$n=1$ のとき，(①の左辺)$=1^3=1$，(①の右辺)$=\frac{1}{4}\cdot1^2\cdot2^2=1$ で成り立つ。

［Ⅱ］$n=k$ のとき①が成り立つと仮定すると　$1^3+2^3+3^3+\cdots+k^3=\frac{1}{4}k^2(k+1)^2$

$n=k+1$ のとき

(①の左辺)$=1^3+2^3+3^3+\cdots+k^3+(k+1)^3$

$=\frac{1}{4}k^2(k+1)^2+(k+1)^3=\frac{1}{4}(k+1)^2\{k^2+4(k+1)\}$

$=\frac{1}{4}(k+1)^2(k+2)^2=$(①の右辺)

よって，$n=k+1$ のときも①は成り立つ。

［Ⅰ］，［Ⅱ］より，すべての自然数 n について，①は成り立つ。　　［証明終わり］

35 漸化式と数学的帰納法

漸化式 $a_1=\frac{1}{2}$，$a_{n+1}=-\frac{1}{a_n-2}$ で定められる数列 $\{a_n\}$ がある。

(1)　a_2，a_3，a_4 を求め，a_n を推測せよ。

分母，分子に 2 を掛ける。

$a_1=\frac{1}{2}$ だから　$\boldsymbol{a_2}=-\frac{1}{a_1-2}=-\frac{1}{\frac{1}{2}-2}=-\frac{2}{1-4}=\boldsymbol{\frac{2}{3}}$　…答

$\boldsymbol{a_3}=-\frac{1}{a_2-2}=-\frac{1}{\frac{2}{3}-2}=\boldsymbol{\frac{3}{4}}$　…答　　$\boldsymbol{a_4}=-\frac{1}{a_3-2}=-\frac{1}{\frac{3}{4}-2}=\boldsymbol{\frac{4}{5}}$　…答

よって，$\boldsymbol{a_n=\frac{n}{n+1}}$ と推測できる。…答

(2) (1)で推測した a_n が正しいことを数学的帰納法を用いて示せ。

［証明］　$a_n=\frac{n}{n+1}$　…①とする。

［Ⅰ］$n=1$ のとき，$a_1=\frac{1}{1+1}=\frac{1}{2}$ より，①は成り立つ。

［Ⅱ］$n=k$ のとき，①が成り立つと仮定すると　$a_k=\frac{k}{k+1}$

$n=k+1$ のとき　$a_{k+1}=-\frac{1}{a_k-2}=-\frac{1}{\frac{k}{k+1}-2}=-\frac{k+1}{k-2(k+1)}=\frac{k+1}{k+2}$

よって，$n=k+1$ のときも①は成り立つ。

［Ⅰ］,［Ⅱ］より，すべての自然数 n について，$a_n=\frac{n}{n+1}$ が成り立つ。［証明終わり］

定期テスト対策問題

目標点　60点
制限時間　50分
点

1 初項が 10，公差が 2 の等差数列 $\{a_n\}$ と，初項が 30，公差が -5 の等差数列 $\{b_n\}$ がある。$c_n=a_n+b_n$ を満たす数列 $\{c_n\}$ について，次の問いに答えよ。 ➡ 6 11

((1)の a_n，b_n，(2)，(3)各 5 点　計 20 点)

(1) 2 つの等差数列 $\{a_n\}$，$\{b_n\}$ の一般項をそれぞれ n の式で表せ。

$a_n=a+(n-1)d$

等差数列 $\{a_n\}$ は初項 10，公差 2 だから　$a_n=10+(n-1)\cdot 2=\mathbf{2n+8}$ …答

等差数列 $\{b_n\}$ は初項 30，公差 -5 だから　$b_n=30+(n-1)\cdot(-5)=\mathbf{-5n+35}$ …答

(2) 数列 $\{c_n\}$ が等差数列であることを示せ。

［証明］　$c_n=a_n+b_n=(2n+8)+(-5n+35)=-3n+43$

$c_{n+1}-c_n=\{-3(n+1)+43\}-(-3n+43)=-3$

c_{n+1} と c_n の差が -3 で一定だから，数列 $\{c_n\}$ は等差数列である。　［証明終わり］

(3) 数列 $\{c_n\}$ の初項から第 n 項までの和を S_n とするとき，S_n の最大値とそのときの n の値を求めよ。

$c_n=-3n+43>0$ を解くと，$n<\dfrac{43}{3}=14.3\cdots$ より，

$c_{15}=-2$ なので $S_{14}>S_{15}$

数列 $\{c_n\}$ は第 14 項までは正だから，初項から第 14 項までの和が最大となる。

$c_1=40$，$c_{14}=1$ より　$S_{14}=\dfrac{14(40+1)}{2}=\mathbf{287}$ $(\boldsymbol{n=14})$ …答

2 第 5 項が 48，第 8 項が 384 である等比数列 $\{a_n\}$ について，次の問いに答えよ。

➡ 13 16 19

((1)の初項，公比，a_n，(2)各 5 点　計 20 点)

(1) 数列 $\{a_n\}$ の初項と公比を求め，一般項を n の式で表せ。

初項を a，公比を r とすると，第 5 項が 48 だから　$a_5=ar^4=48$　…①

第 8 項が 384 だから　$a_8=ar^7=384$　…②

②÷①より　$r^3=8$　　r は実数なので　$r=2$

①より　$a=3$　　したがって，**初項 3，公比 2**，$\boldsymbol{a_n=3\cdot 2^{n-1}}$ …答

(2) 等比数列 $\{a_n\}$ の初項から第 10 項までの和を求めよ。

初項 3，公比 2，項数 10 だから　$\dfrac{3(2^{10}-1)}{2-1}=\mathbf{3069}$ …答

3 次の数列の初項から第 n 項までの和を求めよ。 ➡ 26　(各 8 点　計 16 点)

(1) $1\cdot 3,\ 3\cdot 5,\ 5\cdot 7,\ \cdots$

一般項 $a_n=(2n-1)(2n+1)$ だから

$$\sum_{k=1}^{n}(2k-1)(2k+1)=\sum_{k=1}^{n}(4k^2-1)=\frac{4}{6}n(n+1)(2n+1)-n$$

$$=\frac{1}{3}n\{2(n+1)(2n+1)-3\}=\boldsymbol{\frac{1}{3}n(4n^2+6n-1)}$$ …答

(2) $\dfrac{2}{1\cdot 3},\ \dfrac{2}{3\cdot 5},\ \dfrac{2}{5\cdot 7},\ \cdots$　（ヒント：$\dfrac{2}{(2n-1)(2n+1)}=\dfrac{1}{2n-1}-\dfrac{1}{2n+1}$）

一般項は $\dfrac{2}{(2n-1)(2n+1)}=\dfrac{1}{2n-1}-\dfrac{1}{2n+1}$ だから

縦に書けば

$k=1\cdots\ 1-\dfrac{1}{3}$

$k=2\cdots\ \dfrac{1}{3}-\dfrac{1}{5}$

$k=3\cdots\ \dfrac{1}{5}-\dfrac{1}{7}$

⋮

$k=n\cdots\ \dfrac{1}{2n-1}-\dfrac{1}{2n+1}$

$1-\dfrac{1}{2n+1}$

$$\sum_{k=1}^{n}\left(\frac{1}{2k-1}-\frac{1}{2k+1}\right)=\left(\frac{1}{1}-\frac{1}{3}\right)+\left(\frac{1}{3}-\frac{1}{5}\right)+\left(\frac{1}{5}-\frac{1}{7}\right)\cdots+\left(\frac{1}{2n-1}-\frac{1}{2n+1}\right)$$

$$=1-\frac{1}{2n+1}=\boldsymbol{\frac{2n}{2n+1}}$$ …答

4 次の問いに答えよ。 ⮌ 23 27 28 (各 9 点　計 18 点)

(1) 数列 $\{a_n\}$: 2, 5, 6, 5, 2, −3, …の一般項を求めよ。

階差数列を $\{b_n\}$ とする。

$$\begin{array}{ccccccccccccc} 2 & & 5 & & 6 & & 5 & & 2 & & -3 & \cdots & a_n \quad a_{n+1} \quad \cdots \\ & 3 & & 1 & & -1 & & -3 & & -5 & & & b_n \end{array}$$

$\{b_n\}$ は初項 3, 公差 −2 の等差数列で

$b_n=3+(n-1)\cdot(-2)=-2n+5$

$n \geqq 2$ のとき　$a_n=2+\sum_{k=1}^{n-1}(-2k+5)=2-\frac{2}{2}(n-1)n+5(n-1)=-n^2+6n-3$

これは $n=1$ のとき $-1+6-3=2$ で成り立つから　$\boldsymbol{a_n=-n^2+6n-3}$ …答

(2) 数列 $\{a_n\}$ の初項から第 n 項までの和が $S_n=n^3+1$ であるとき，一般項を求めよ。

まず　$a_1=S_1=1^3+1=2$

次に，$n \geqq 2$ のとき

$a_n=S_n-S_{n-1}=n^3+1-(n-1)^3-1=n^3-(n^3-3n^2+3n-1)=3n^2-3n+1$

これは $n=1$ のときには成り立たないから

$$\boldsymbol{a_n=\begin{cases} 2 & (n=1) \\ 3n^2-3n+1 & (n \geqq 2) \end{cases}}$$ …答

5 自然数の列を次のように，第 n 群の項数が 2^{n-1} となるように分けるとき，次の問いに答えよ。 ⮌ 24 29 (各 8 点　計 16 点)

1 | 2, 3 | 4, 5, 6, 7 | 8, 9, 10, 11, 12, 13, 14, 15 | …

(1) 第 n 群の最初の項を求めよ。

もとの数列 $\{a_n\}$ は，自然数の列なので $a_n=n$ である。

第 1 群から第 n 群までのすべての項数を $T(n)$ とすると

$T(n)=1+2+2^2+2^3+\cdots+2^{n-1}=\frac{1\cdot(2^n-1)}{2-1}=2^n-1$ ← (初項 1, 公比 2, 項数 n)

第 n 群の最初の項はもとの数列の $T(n-1)+1=2^{n-1}-1+1=2^{n-1}$ 番目である。

したがって，第 n 群の最初の項は　$a_{2^{n-1}}=\boldsymbol{2^{n-1}}$ …答

(2) 第 n 群の 2^{n-1} 個の項の和 S_n を求めよ。

第 n 群は初項 2^{n-1}，公差 1，項数 2^{n-1} の等差数列だから，その和は

$S_n=\frac{1}{2}\cdot 2^{n-1}\{2\cdot 2^{n-1}+(2^{n-1}-1)\cdot 1\}=\boldsymbol{2^{n-2}(2^n+2^{n-1}-1)}$ …答

6 漸化式 $a_1=2$，$a_{n+1}=4a_n-3$ で定義される数列 $\{a_n\}$ の一般項を求めよ。 ⮌ 30 32 (10 点)

$$\begin{array}{rl} & a_{n+1}=4a_n-3 \\ -) & \alpha=4\alpha-3 \\ \hline & a_{n+1}-\alpha=4(a_n-\alpha) \end{array}$$
→ この式を解いて $\alpha=1$

$a_{n+1}-1=4(a_n-1)$ より，数列 $\{a_n-1\}$ は

初項 $a_1-1=1$，公比 4 の等比数列だから

$a_n-1=1\cdot 4^{n-1}$

したがって　$\boldsymbol{a_n=4^{n-1}+1}$ …答

第1章 数列

第2章　統計的な推測

1 | 確率変数の平均・分散・標準偏差

ポイント

12 確率分布

確率分布と確率変数　変数 X のとり得る値 x_1, x_2, …, x_n に対して，これらの値をとる確率がそれぞれ p_1, p_2, …, p_n と定まっているとき，X を**確率変数**という。
$p_1 \geqq 0$, $p_2 \geqq 0$, …, $p_n \geqq 0$ であり，$p_1+p_2+\cdots+p_n=1$ である。
このとき，右の表のような x_1, x_2, …, x_n と p_1, p_2, …, p_n の対応関係を，確率変数 X の**確率分布**または分布といい，X はこの分布に従うという。また，$X=x_i$ となる確率 p_i を，$P(X=x_i)$ と表すこともある。

X	x_1	x_2	…	x_n	計
P	p_1	p_2	…	p_n	1

13 確率変数の平均・分散・標準偏差

平均　確率変数 X が右の表の確率分布に従うとき，次の式で定義される値を確率変数 X の**平均**といい，$E(X)$ で表す。

X	x_1	x_2	…	x_n	計
P	p_1	p_2	…	p_n	1

$$E(X)=x_1p_1+x_2p_2+\cdots+x_np_n=\sum_{i=1}^{n}x_ip_i$$

[注意]　平均は，**期待値**ともいう。また，$E(X)$ は m, μ, $\overline{X}$ などと表す。

分散・標準偏差　$E(X)=m$ とする。
$X-m$ を X の平均からの**偏差**という。そして，確率変数 $(X-m)^2$ の平均を X の**分散**といい，$V(X)$ で表す。 ←(分散)＝(偏差の 2 乗の平均)

$$V(X)=E((X-m)^2)=(x_1-m)^2p_1+(x_2-m)^2p_2+\cdots+(x_n-m)^2p_n$$
$$=\sum_{i=1}^{n}(x_i-m)^2p_i$$

分散 $V(X)$ は，次のように計算することもできる。

$$V(X)=E(X^2)-\{E(X)\}^2$$ ←(分散)＝(2 乗の平均)－(平均の 2 乗)

また，$V(X)$ の正の平方根を，確率変数 X の**標準偏差**といい，$\sigma(X)$ と表す。

$\sigma(X)=\sqrt{V(X)}$ （標準偏差の単位は，確率変数の単位と同じになる。）

14 確率変数 $aX+b$ の平均・分散・標準偏差

$aX+b$ の平均・分散・標準偏差

確率変数 X と定数 a, b に対し，$aX+b$ もまた確率変数となる。
このとき，次の公式が成り立つ。

$$E(aX+b)=aE(X)+b$$
$$V(aX+b)=a^2V(X)$$
$$\sigma(aX+b)=|a|\sigma(X)$$

X	x_1	x_2	…	x_n	計
P	p_1	p_2	…	p_n	1
$aX+b$	ax_1+b	ax_2+b	…	ax_n+b	／

1 確率分布① 12 確率分布

1から10までの数から1つの数を選び，その数を3で割ったときの余りを X とする。確率変数 X の確率分布を求めよ。

確率変数 X のとり得る値は　$X=0,\ 1,\ 2$

3，6，9のとき $X=0$ で，その確率は　$\frac{3}{10}$

1，4，7，10のとき $X=1$ で，その確率は　$\frac{4}{10}=\frac{2}{5}$

2，5，8のとき $X=2$ で，その確率は　$\frac{3}{10}$

よって，X の確率分布は，右の表のようになる。

答

X	0	1	2	計
P	$\frac{3}{10}$	$\frac{2}{5}$	$\frac{3}{10}$	1

2 平均・分散・標準偏差① 13 確率変数の平均・分散・標準偏差

確率変数 X の確率分布が，右の表のようになるとき，平均 $E(X)$，分散 $V(X)$，標準偏差 $\sigma(X)$ を求めよ。

X	1	2	3	計
P	$\frac{1}{5}$	$\frac{3}{5}$	$\frac{1}{5}$	1

$$E(X)=1\times\frac{1}{5}+2\times\frac{3}{5}+3\times\frac{1}{5}=\frac{1+6+3}{5}=\mathbf{2}$$ …答

$$V(X)=1^2\times\frac{1}{5}+2^2\times\frac{3}{5}+3^2\times\frac{1}{5}-2^2$$

$$=\frac{1+12+9}{5}-4=\frac{22}{5}-4=\mathbf{\frac{2}{5}}$$ …答

$$\sigma(X)=\sqrt{V(X)}=\sqrt{\frac{2}{5}}=\mathbf{\frac{\sqrt{10}}{5}}$$ …答

［別解］ $V(X)=(1-2)^2\times\frac{1}{5}+(2-2)^2\times\frac{3}{5}+(3-2)^2\times\frac{1}{5}$

$=\frac{1+0+1}{5}=\mathbf{\frac{2}{5}}$

3 X の1次式① 14 確率変数 $aX+b$ の平均・分散・標準偏差

確率変数 X が $E(X)=50$，$V(X)=4$ を満たすとき，確率変数 $3X+5$ の平均，分散，標準偏差を求めよ。

$E(X)=50$ より

$E(3X+5)=3E(X)+5=3\times50+5=\mathbf{155}$ …答

$V(X)=4$ より

$V(3X+5)=3^2V(X)=9\times4=\mathbf{36}$ …答

また，$V(X)=4$ より，$\sigma(X)=\sqrt{4}=2$ であるから

$\sigma(3X+5)=|3|\sigma(X)=3\times2=\mathbf{6}$ …答

［別解］ $\sigma(3X+5)=\sqrt{V(3X+5)}=\sqrt{36}=\mathbf{6}$

ガイド

ヒラメキ
確率分布を求めよ。
→表を作る。

なにをする？
3で割ったときの余りであるから，X のとり得る値は0，1，2である。
$X=0,\ 1,\ 2$ となる確率をそれぞれ求めて表にまとめる。

ヒラメキ
平均・分散・標準偏差を求めよ。→公式を用いる。

なにをする？
平均は XP の合計である。
$E(X)=m$ とするとき，分散は $(X-m)^2P$ の合計である。
また，$V(X)=E(X^2)-m^2$ で求めることもできる。
標準偏差は，分散の正の平方根である。

ヒラメキ
$aX+b$ の平均・分散・標準偏差を求めよ。→公式を用いる。

なにをする？
a，b を定数とするとき，
$E(aX+b)=aE(X)+b$
$V(aX+b)=a^2V(X)$
$\sigma(aX+b)=|a|\sigma(X)$
が成り立つ。

ガイドなしでやってみよう！

4 **確率分布②**

1から5までの数が1つずつ書かれた5個の玉が入っている袋から同時に2個の玉を取り出し，書かれた数の大きい方を X とする。確率変数 X の確率分布を求めよ。

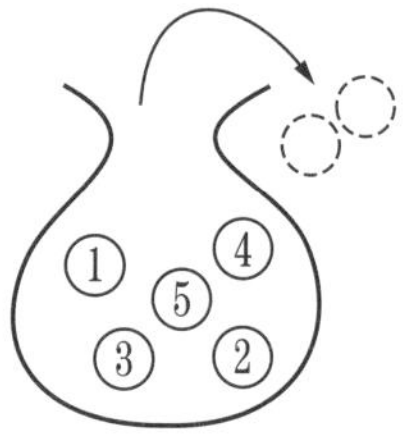

確率変数 X のとり得る値は　$X=2,\ 3,\ 4,\ 5$

取り出された2個の玉に書かれた数の組を $(1,\ 2)$ のように表す。

$X=2 \rightarrow (1,\ 2)$

$X=3 \rightarrow (1,\ 3),\ (2,\ 3)$　← 2数の大きい方が X

$X=4 \rightarrow (1,\ 4),\ (2,\ 4),\ (3,\ 4)$

$X=5 \rightarrow (1,\ 5),\ (2,\ 5),\ (3,\ 5),\ (4,\ 5)$

玉の取り出し方は全部で10通りであるから，求める確率分布は，右のようになる。

答

X	2	3	4	5	計
P	$\frac{1}{10}$	$\frac{1}{5}$	$\frac{3}{10}$	$\frac{2}{5}$	1

5 **平均・分散・標準偏差②**

確率変数 X の確率分布が右の表のようになっているとき，X の平均，分散，標準偏差を求めよ。

X	3	4	5	6	8	計
P	$\frac{2}{10}$	$\frac{3}{10}$	$\frac{2}{10}$	$\frac{1}{10}$	$\frac{2}{10}$	1

$$\boldsymbol{E(X)}=3\times\frac{2}{10}+4\times\frac{3}{10}+5\times\frac{2}{10}+6\times\frac{1}{10}+8\times\frac{2}{10}$$

$$=\frac{6+12+10+6+16}{10}=\frac{50}{10}=\boldsymbol{5}$$ …答

分散は，(2乗の平均)−(平均の2乗)

$$\boldsymbol{V(X)}=3^2\times\frac{2}{10}+4^2\times\frac{3}{10}+5^2\times\frac{2}{10}+6^2\times\frac{1}{10}+8^2\times\frac{2}{10}-5^2$$

$$=\frac{18+48+50+36+128}{10}-25=\frac{280}{10}-25=\boldsymbol{3}$$ …答

$$\boldsymbol{\sigma(X)=\sqrt{3}}$$ …答

分散は，偏差の2乗の平均。

［別解］ $\boldsymbol{V(X)}=(3-5)^2\times\frac{2}{10}+(4-5)^2\times\frac{3}{10}+(5-5)^2\times\frac{2}{10}+(6-5)^2\times\frac{1}{10}+(8-5)^2\times\frac{2}{10}$

$$=\frac{8+3+0+1+18}{10}=\frac{30}{10}=\boldsymbol{3}$$

6 **X の1次式②**

1個のさいころを投げて出る目の数を X とすると，$E(X)=\frac{7}{2}$，$V(X)=\frac{35}{12}$ である。このとき，確率変数 $-6X+11$ の平均，分散を求めよ。

$E(X)=\frac{7}{2}$ より　$\boldsymbol{E(-6X+11)}=-6E(X)+11=-6\times\frac{7}{2}+11=\boldsymbol{-10}$ …答

$V(X)=\frac{35}{12}$ より　$\boldsymbol{V(-6X+11)}=(-6)^2V(X)=36\times\frac{35}{12}=\boldsymbol{105}$ …答

7 平均・分散・標準偏差③

赤玉 3 個と白玉 4 個が入っている袋から同時に 2 個の玉を取り出すとき，その中の赤玉の個数を X とする。確率変数 X の平均，分散，標準偏差を求めよ。

確率変数 X のとり得る値は　$X=0,\ 1,\ 2$

$$P(X=0)=\frac{{}_4C_2}{{}_7C_2}=\frac{6}{21}=\frac{2}{7}$$ ←赤玉 0 個，白玉 2 個。

$$P(X=1)=\frac{{}_3C_1\cdot{}_4C_1}{{}_7C_2}=\frac{3\times4}{21}=\frac{4}{7}$$ ←赤玉 1 個，白玉 1 個。

$$P(X=2)=\frac{{}_3C_2}{{}_7C_2}=\frac{3}{21}=\frac{1}{7}$$ ←赤玉 2 個，白玉 0 個。

よって，確率分布は，右の表のようになる。

X	0	1	2	計
P	$\frac{2}{7}$	$\frac{4}{7}$	$\frac{1}{7}$	1

$$\boldsymbol{E(X)}=0\times\frac{2}{7}+1\times\frac{4}{7}+2\times\frac{1}{7}=\frac{0+4+2}{7}=\boldsymbol{\frac{6}{7}}$$ …答

$$\boldsymbol{V(X)}=0^2\times\frac{2}{7}+1^2\times\frac{4}{7}+2^2\times\frac{1}{7}-\left(\frac{6}{7}\right)^2=\frac{0+4+4}{7}-\frac{36}{49}=\boldsymbol{\frac{20}{49}}$$ …答

$$\boldsymbol{\sigma(X)}=\sqrt{\frac{20}{49}}=\boldsymbol{\frac{2\sqrt{5}}{7}}$$ …答

8 平均・分散・標準偏差と X の 1 次式

50 円硬貨（こうか）を 3 枚投げて表が出る枚数を X とするとき，次の問いに答えよ。

(1) 確率変数 X の平均，分散，標準偏差を求めよ。

確率変数 X のとり得る値は　$X=0,\ 1,\ 2,\ 3$

$$P(X=0)={}_3C_0\left(\frac{1}{2}\right)^3=\frac{1}{8}\qquad P(X=1)={}_3C_1\cdot\frac{1}{2}\cdot\left(\frac{1}{2}\right)^2=\frac{3}{8}$$

$$P(X=2)={}_3C_2\cdot\left(\frac{1}{2}\right)^2\cdot\frac{1}{2}=\frac{3}{8}$$

$$P(X=3)={}_3C_3\left(\frac{1}{2}\right)^3=\frac{1}{8}$$

よって，確率分布は，右の表のようになる。

X	0	1	2	3	計
P	$\frac{1}{8}$	$\frac{3}{8}$	$\frac{3}{8}$	$\frac{1}{8}$	1

$$\boldsymbol{E(X)}=0\times\frac{1}{8}+1\times\frac{3}{8}+2\times\frac{3}{8}+3\times\frac{1}{8}=\frac{0+3+6+3}{8}=\frac{12}{8}=\boldsymbol{\frac{3}{2}}$$ …答

$$\boldsymbol{V(X)}=0^2\times\frac{1}{8}+1^2\times\frac{3}{8}+2^2\times\frac{3}{8}+3^2\times\frac{1}{8}-\left(\frac{3}{2}\right)^2=\frac{0+3+12+9}{8}-\frac{9}{4}=\boldsymbol{\frac{3}{4}}$$ …答

$$\boldsymbol{\sigma(X)}=\sqrt{\frac{3}{4}}=\boldsymbol{\frac{\sqrt{3}}{2}}$$ …答

(2) 表が出た 50 円硬貨の金額の和に 100 円を加えた金額を受け取るとき，受け取る金額の平均と分散を求めよ。

$$\boldsymbol{E(50X+100)}=50E(X)+100=50\times\frac{3}{2}+100=\boldsymbol{175}$$ …答

$$\boldsymbol{V(50X+100)}=50^2V(X)=2500\times\frac{3}{4}=\boldsymbol{1875}$$ …答

第2章 統計的な推測

2 複数の確率変数

ポイント

15 確率変数の和の平均

2つの確率変数の平均

2つの確率変数 X，Y に対して

$E(X+Y)=E(X)+E(Y)$

$E(aX+bY)=aE(X)+bE(Y)$ （a，b は定数）

3つの確率変数の平均

3つの確率変数 X，Y，Z に対して

$E(X+Y+Z)=E(X)+E(Y)+E(Z)$

16 独立な確率変数

確率変数の独立

確率変数 X のとる任意の値 a と，確率変数 Y のとる任意の値 b に対して，

$P(X=a,\ Y=b)=P(X=a)\cdot P(Y=b)$

が成り立つとき，X と Y は独立であるという。

試行S，Tが独立であるとき，S，Tに関する確率変数 X，Y は独立である。

確率変数の積の平均

確率変数 X，Y が独立のとき

$E(XY)=E(X)E(Y)$

［注意］ $E(X^2)=E(X)\times E(X)$ は成り立たない。

$E(X^2)$ は，$V(X)=E(X^2)-\{E(X)\}^2$ を，$E(X^2)=V(X)+\{E(X)\}^2$ と変形して求める。

確率変数の和の分散

確率変数 X，Y が独立であるとき

$V(X+Y)=V(X)+V(Y)$

$V(aX+bY)=a^2V(X)+b^2V(Y)$ （a，b は定数）

17 二項分布

二項分布

ある試行Tにおいて，事象 A の起こる確率を p とする。この試行を n 回繰り返す反復試行において，事象 A の起こる回数を X とすれば，X は確率変数で，$r=0,\ 1,\ 2,\ \cdots,\ n$ に対して，$X=r$ となる確率は，

$P(X=r)={}_n\mathrm{C}_r p^r q^{n-r}$ …① （ただし，$q=1-p$）

となる。①によって得られる確率分布を二項分布といい，$B(n,\ p)$ で表す。

二項分布に従う確率変数の平均・分散

確率変数 X が，二項分布 $B(n,\ p)$ に従うとき

$E(X)=np$，$V(X)=npq$ （ただし，$q=1-p$）

9 確率変数の和と積① 15 確率変数の和の平均，16 独立な確率変数

確率変数 X の平均が 5，分散が 4 で，確率変数 Y の平均が 6，分散が 3 であり，X と Y が互いに独立であるとき，次の問いに答えよ。

(1) 確率変数 $X+Y$ の平均と分散を求めよ。

$E(X)=5$，$E(Y)=6$ であるから

$\boldsymbol{E(X+Y)}=E(X)+E(Y)=5+6=\mathbf{11}$ …答

$V(X)=4$，$V(Y)=3$ で，X と Y は互いに独立なので

$\boldsymbol{V(X+Y)}=V(X)+V(Y)=4+3=\mathbf{7}$ …答

(2) 確率変数 $3X+5Y$ の平均と分散を求めよ。

$\boldsymbol{E(3X+5Y)}=3E(X)+5E(Y)$

$=3\times5+5\times6=\mathbf{45}$ …答

$\boldsymbol{V(3X+5Y)}=3^2V(X)+5^2V(Y)$

$=9\times4+25\times3=\mathbf{111}$ …答

(3) 確率変数の積 XY の平均を求めよ。

$\boldsymbol{E(XY)}=E(X)E(Y)=5\times6=\mathbf{30}$ …答

ガイド

ヒラメキ
2 つの確率変数の和や積の平均。→公式を利用する。

なにをする？
(1) $E(X+Y)=E(X)+E(Y)$
X，Y が互いに独立のとき
$V(X+Y)=V(X)+V(Y)$
(2) a，b を定数とするとき
$E(aX+bY)$
$=aE(X)+bE(Y)$
X，Y が互いに独立のとき
$V(aX+bY)$
$=a^2V(X)+b^2V(Y)$
(3) X，Y が互いに独立のとき
$E(XY)=E(X)E(Y)$

10 2 つの確率変数① 16 独立な確率変数

赤玉 2 個と白玉 1 個が入っている袋（ふくろ）から，A が 1 個取り出し，玉をもどさずに続けて B が 1 個取り出すとき，A，B が取り出した赤玉の個数をそれぞれ X，Y とする。このとき，$P(X=i,\ Y=j)$ $(i=0,\ 1\,;\ j=0,\ 1)$ を求め，確率分布の表を完成せよ。

$P(X=0,\ Y=0)=\dfrac{1}{3}\times\dfrac{0}{2}=0$

$P(X=0,\ Y=1)=\dfrac{1}{3}\times\dfrac{2}{2}=\dfrac{1}{3}$

$P(X=1,\ Y=0)=\dfrac{2}{3}\times\dfrac{1}{2}=\dfrac{1}{3}$

$P(X=1,\ Y=1)=\dfrac{2}{3}\times\dfrac{1}{2}=\dfrac{1}{3}$

答

X \ Y	0	1	計
0	**0**	$\mathbf{\frac{1}{3}}$	$\mathbf{\frac{1}{3}}$
1	$\mathbf{\frac{1}{3}}$	$\mathbf{\frac{1}{3}}$	$\mathbf{\frac{2}{3}}$
計	$\mathbf{\frac{1}{3}}$	$\mathbf{\frac{2}{3}}$	**1**

ヒラメキ
玉を続けて取り出す。
→条件付き確率を用いる。

なにをする？
玉の取り出し方を考え，確率の乗法定理を用いる。
事象 E が起こったという条件のもとで事象 F の起こる条件付き確率 $P_E(F)$ を用いて
$P(E\cap F)=P(E)P_E(F)$
と計算する。

11 二項分布の平均と分散① 17 二項分布

A と B がじゃんけんを 5 回する。A の勝つ回数を X とするとき，確率変数 X の平均と分散を求めよ。

A が 5 回中 r 回勝つ確率は ${}_5C_r\left(\dfrac{1}{3}\right)^r\left(\dfrac{2}{3}\right)^{5-r}$ $(r=0,\ 1,\ \cdots,\ 5)$ なので，X は二項分布 $B\left(5,\ \dfrac{1}{3}\right)$ に従うから

$\boldsymbol{E(X)}=5\times\dfrac{1}{3}=\mathbf{\dfrac{5}{3}}$ …答　$\boldsymbol{V(X)}=5\times\dfrac{1}{3}\times\dfrac{2}{3}=\mathbf{\dfrac{10}{9}}$ …答

ヒラメキ
二項分布の平均と分散を求めよ。→公式を用いる。

なにをする？
確率変数 X が二項分布 $B(n,\ p)$ に従うとき
$E(X)=np$
$V(X)=npq$ $(q=1-p)$

ガイドなしでやってみよう！

12 確率変数の和と積②

確率変数 X の平均が 8，分散が 4 で，確率変数 Y の平均が 7，分散が 5 であり，X と Y が互いに独立であるとき，次の問いに答えよ。

(1) 確率変数 $X+Y$ の平均と分散を求めよ。

$E(X)=8$，$E(Y)=7$ であるから

$\boldsymbol{E(X+Y)}=E(X)+E(Y)=8+7=\boldsymbol{15}$ …答

$V(X)=4$，$V(Y)=5$ で，X と Y は互いに独立なので

$\boldsymbol{V(X+Y)}=V(X)+V(Y)=4+5=\boldsymbol{9}$ …答

$E(X+Y)=E(X)+E(Y)$ と $E(aX+bY)=aE(X)+bE(Y)$ は，X と Y が互いに独立でなくても成り立つ。

$V(X+Y)=V(X)+V(Y)$，$V(aX+bY)=a^2V(X)+b^2V(Y)$，$E(XY)=E(X)E(Y)$ は，X と Y が互いに独立でなければ成り立たない。

(2) 確率変数 $2X+3Y$ の平均と分散を求めよ。

$\boldsymbol{E(2X+3Y)}=2E(X)+3E(Y)$

$=2\times8+3\times7=\boldsymbol{37}$ …答

X と Y は互いに独立なので

$\boldsymbol{V(2X+3Y)}=2^2V(X)+3^2V(Y)=4\times4+9\times5=\boldsymbol{61}$ …答

(3) 確率変数の積 XY の平均を求めよ。

X と Y は互いに独立なので

$\boldsymbol{E(XY)}=E(X)E(Y)$

$=8\times7=\boldsymbol{56}$ …答

13 2つの確率変数②

2つの確率変数 X，Y の確率分布が右の表のようになっているとき，次の問いに答えよ。

X＼Y	4	5	計
1	0.1	0.3	0.4
2	0.1	0.2	0.3
3	0.2	0.1	0.3
計	0.4	0.6	1

(1) 平均 $E(X)$，$E(Y)$ をそれぞれ求めよ。

表より，$P(X=1)=0.4$，$P(X=2)=0.3$，$P(X=3)=0.3$ なので

$\boldsymbol{E(X)}=1\times0.4+2\times0.3+3\times0.3=0.4+0.6+0.9=\boldsymbol{1.9}$ …答

同様に，表より，$P(Y=4)=0.4$，$P(Y=5)=0.6$ なので

$\boldsymbol{E(Y)}=4\times0.4+5\times0.6=1.6+3=\boldsymbol{4.6}$ …答

(2) 確率変数 $X+Y$ の確率分布を求め，平均 $E(X+Y)$ を求めよ。

$X+Y$ のとり得る値は　$X+Y=5$，6，7，8

$P(X+Y=5)=P(X=1,\ Y=4)=0.1$

$P(X+Y=6)=P(X=1,\ Y=5)+P(X=2,\ Y=4)=0.3+0.1=0.4$

$P(X+Y=7)=P(X=2,\ Y=5)+P(X=3,\ Y=4)=0.2+0.2=0.4$

$P(X+Y=8)=P(X=3,\ Y=5)=0.1$

$X+Y=6$ となるのは，$X=1$，$Y=5$ の場合と，$X=2$，$Y=4$ の場合がある。

よって，$X+Y$ の確率分布は，右の表のようになる。 答

$X+Y$	5	6	7	8	計
P	**0.1**	**0.4**	**0.4**	**0.1**	**1**

$\boldsymbol{E(X+Y)}=5\times0.1+6\times0.4+7\times0.4+8\times0.1$

$=0.5+2.4+2.8+0.8=\boldsymbol{6.5}$ …答

(3) $E(X+Y)=E(X)+E(Y)$ は成り立つか，調べよ。

(2)より　$E(X+Y)=6.5$

(1)より　$E(X)+E(Y)=1.9+4.6=6.5$

よって，$E(X+Y)=E(X)+E(Y)$ は**成り立つ**。 …答

(4) 確率変数 XY の確率分布を求め，平均 $E(XY)$ を求めよ。

XY のとり得る値は　$XY=4,\ 5,\ 8,\ 10,\ 12,\ 15$

この6通りについて，異なる X，Y の値の組で，積 XY の値が一致することはない。

$P(XY=4)=P(X=1,\ Y=4)=0.1$

他の場合も同様なので，XY の確率分布は，右の表のようになる。

答

XY	4	5	8	10	12	15	計
P	0.1	0.3	0.1	0.2	0.2	0.1	1

よって

$$\boldsymbol{E(XY)}=4\times0.1+5\times0.3+8\times0.1+10\times0.2+12\times0.2+15\times0.1$$

$$=0.4+1.5+0.8+2+2.4+1.5=\mathbf{8.6}$$ …答

(5) 2つの確率変数 X，Y は独立かどうか，調べよ。

(4)より　$E(XY)=8.6$

(1)より　$E(X)E(Y)=1.9\times4.6=8.74$

よって，$E(XY)\neq E(X)E(Y)$ なので，$\boldsymbol{X}$，$\boldsymbol{Y}$ **は独立ではない**。 …答

[補足] 「X，Y が独立ならば，$E(XY)=E(X)E(Y)$」が成り立つ。その対偶を考えると，「$E(XY)\neq E(X)E(Y)$ ならば，X，Y は独立ではない」が成り立つ。

[別解] $P(X=1,\ Y=4)=0.1$，$P(X=1)P(Y=4)=0.4\times0.4=0.16$ より，$P(X=1,\ Y=4)\neq P(X=1)P(Y=4)$ なので，$\boldsymbol{X}$，$\boldsymbol{Y}$ は独立ではない。

14 二項分布の平均と分散②

確率変数 X が次の二項分布に従うとき，X の平均と分散を求めよ。

(1) $B\left(40,\ \dfrac{1}{3}\right)$

$$\boldsymbol{E(X)}=40\times\frac{1}{3}=\mathbf{\frac{40}{3}}$$ …答

$$\boldsymbol{V(X)}=40\times\frac{1}{3}\times\frac{2}{3}=\mathbf{\frac{80}{9}}$$ …答

(2) $B\left(100,\ \dfrac{1}{5}\right)$

$$\boldsymbol{E(X)}=100\times\frac{1}{5}=\mathbf{20}$$ …答

$$\boldsymbol{V(X)}=100\times\frac{1}{5}\times\frac{4}{5}=\mathbf{16}$$ …答

15 二項分布の平均と分散③

1個のさいころを5回投げて，1の目が出る回数を X とするとき，確率変数 X の平均と分散を求めよ。

5回中 r 回1の目が出る確率は ${}_5\mathrm{C}_r\left(\dfrac{1}{6}\right)^r\left(\dfrac{5}{6}\right)^{5-r}$ $(r=0,\ 1,\ \cdots,\ 5)$ なので，X の分布は二項分布 $B\left(5,\ \dfrac{1}{6}\right)$ である。よって

$$\boldsymbol{E(X)}=5\times\frac{1}{6}=\mathbf{\frac{5}{6}}$$ …答　$$\boldsymbol{V(X)}=5\times\frac{1}{6}\times\frac{5}{6}=\mathbf{\frac{25}{36}}$$ …答

定期テスト対策問題

目標点　60点
制限時間　50分
　　　　点

1 2個のさいころを同時に投げて，出た目の数のうち大きくない方を X とするとき，確率変数 X の確率分布を求めよ。 ⊃ 1 4 （10点）

2個のさいころをA，Bとし，それらの出た目と X の値の表を作ると，右のようになる。

A＼B	1	2	3	4	5	6
1	1	1	1	1	1	1
2	1	2	2	2	2	2
3	1	2	3	3	3	3
4	1	2	3	4	4	4
5	1	2	3	4	5	5
6	1	2	3	4	5	6

よって，求める確率分布は，次のようになる。

答

X	1	2	3	4	5	6	計
P	$\frac{11}{36}$	$\frac{9}{36}$	$\frac{7}{36}$	$\frac{5}{36}$	$\frac{3}{36}$	$\frac{1}{36}$	1

2 確率変数 X の確率分布が，右の表で与えられているとき，次の問いに答えよ。 ⊃ 2 3 5 6 7 8 （各4点　計28点）

X	1	2	3	4	計
P	$\frac{4}{10}$	$\frac{3}{10}$	$\frac{2}{10}$	$\frac{1}{10}$	1

(1) 確率変数 X の平均 $E(X)$，分散 $V(X)$，標準偏差 $\sigma(X)$ を求めよ。

$$E(X)=1\times\frac{4}{10}+2\times\frac{3}{10}+3\times\frac{2}{10}+4\times\frac{1}{10}=\frac{20}{10}=\mathbf{2}$$ …答

$$V(X)=1^2\times\frac{4}{10}+2^2\times\frac{3}{10}+3^2\times\frac{2}{10}+4^2\times\frac{1}{10}-2^2=\frac{50}{10}-4=\mathbf{1}$$ …答

$$\sigma(X)=\sqrt{V(X)}=\mathbf{1}$$ …答

［別解］ $V(X)=(1-2)^2\times\frac{4}{10}+(2-2)^2\times\frac{3}{10}+(3-2)^2\times\frac{2}{10}+(4-2)^2\times\frac{1}{10}=\frac{4+0+2+4}{10}=\mathbf{1}$

(2) 確率変数 $3X$ の平均と分散を求めよ。

$E(3X)=3E(X)=3\times2=\mathbf{6}$ …答

$V(3X)=3^2V(X)=9\times1=\mathbf{9}$ …答

(3) 確率変数 $2X+3$ の平均と分散を求めよ。

$E(2X+3)=2E(X)+3=2\times2+3=\mathbf{7}$ …答

$V(2X+3)=2^2V(X)=4\times1=\mathbf{4}$ …答

3 確率変数 X の平均が6，分散が3で，確率変数 Y の平均が5，分散が2であり，X，Y が互いに独立であるとき，次の問いに答えよ。 ⊃ 9 12 （各4点　計12点）

(1) 確率変数 $4X+3Y$ の平均と分散を求めよ。

$E(X)=6$，$V(X)=3$，$E(Y)=5$，$V(Y)=2$ であるから

$E(4X+3Y)=4E(X)+3E(Y)=4\times6+3\times5=\mathbf{39}$ …答

$V(4X+3Y)=4^2V(X)+3^2V(Y)=16\times3+9\times2=\mathbf{66}$ …答

(2) 確率変数の積 XY の平均を求めよ。

$E(XY)=E(X)E(Y)=6\times5=\mathbf{30}$ …答

4 10本中4本の当たりが入ったくじがある。A, B 2人がこの順にくじを1本ずつ引くとき，確率変数 X, Y を次のように定める。ただし，引いたくじはもとにもどさない。

X…Aが当たりなら1，はずれなら0　　Y…Bが当たりなら1，はずれなら0

このとき，次の問いに答えよ。 ⊃ 10 13

（各10点　計20点）

(1) $P(X=i,\ Y=j)$ $(i=0,\ 1\ ;\ j=0,\ 1)$ を求め，右の確率分布の表を完成せよ。 答

X＼Y	0	1	計
0	$\frac{1}{3}$	$\frac{4}{15}$	$\frac{3}{5}$
1	$\frac{4}{15}$	$\frac{2}{15}$	$\frac{2}{5}$
計	$\frac{3}{5}$	$\frac{2}{5}$	1

$P(X=0,\ Y=0)=\frac{6}{10}\times\frac{5}{9}=\frac{1}{3}$ ←2人ともはずれ。

$P(X=0,\ Y=1)=\frac{6}{10}\times\frac{4}{9}=\frac{4}{15}$ ←Aははずれ，Bは当たり。

$P(X=1,\ Y=0)=\frac{4}{10}\times\frac{6}{9}=\frac{4}{15}$ ←Aは当たり，Bははずれ。

$P(X=1,\ Y=1)=\frac{4}{10}\times\frac{3}{9}=\frac{2}{15}$ ←2人とも当たり。

(2) $E(X+Y)=E(X)+E(Y)$ と $E(XY)=E(X)E(Y)$ が成り立つか，調べよ。

(1)の表より，確率変数 $X+Y$ および XY の確率分布は，次の表のようになるから

$X+Y$	0	1	2	計
P	$\frac{1}{3}$	$\frac{8}{15}$	$\frac{2}{15}$	1

XY	0	1	計
P	$\frac{13}{15}$	$\frac{2}{15}$	1

$E(X+Y)=0\times\frac{1}{3}+1\times\frac{8}{15}+2\times\frac{2}{15}=\frac{12}{15}=\frac{4}{5}$

$E(XY)=0\times\frac{13}{15}+1\times\frac{2}{15}=\frac{2}{15}$

$E(X)=0\times\frac{3}{5}+1\times\frac{2}{5}=\frac{2}{5}$，$E(Y)=0\times\frac{3}{5}+1\times\frac{2}{5}=\frac{2}{5}$ より

$E(X)+E(Y)=\frac{2}{5}+\frac{2}{5}=\frac{4}{5}$，$E(X)E(Y)=\frac{2}{5}\times\frac{2}{5}=\frac{4}{25}$

よって，**$E(X+Y)=E(X)+E(Y)$ は成り立つが，$E(XY)=E(X)E(Y)$ は成り立たない。** …答

5 確率変数 X が次の二項分布に従うとき，X の平均と分散を求めよ。 ⊃ 11 14

（各5点　計20点）

(1) $B\left(400,\ \frac{1}{6}\right)$

$E(X)=400\times\frac{1}{6}=\mathbf{\frac{200}{3}}$ …答

$V(X)=400\times\frac{1}{6}\times\frac{5}{6}=\mathbf{\frac{500}{9}}$ …答

(2) $B\left(150,\ \frac{1}{5}\right)$

$E(X)=150\times\frac{1}{5}=\mathbf{30}$ …答

$V(X)=150\times\frac{1}{5}\times\frac{4}{5}=\mathbf{24}$ …答

6 2枚のコインを同時に投げる試行を500回繰り返すとき，2枚とも表が出る回数を X とする。確率変数 X の平均と分散を求めよ。 ⊃ 15

（各5点　計10点）

$r=0,\ 1,\ 2,\ \cdots,\ 500$ とする。2枚とも表が出るのが500回中 r 回である確率は，

${}_{500}C_r\left(\frac{1}{4}\right)^r\left(\frac{3}{4}\right)^{500-r}$ であるから，X は二項分布 $B\left(500,\ \frac{1}{4}\right)$ に従う。

よって　$E(X)=500\times\frac{1}{4}=\mathbf{125}$ …答　$V(X)=500\times\frac{1}{4}\times\frac{3}{4}=\mathbf{\frac{375}{4}}$ …答

3 二項分布と正規分布

ポイント

18 連続型確率変数

離散型確率変数・連続型確率変数　さいころの目のように，1，2，3，4，5，6 といった，とびとびの値をとる確率変数を**離散型確率変数**という。また，ある範囲の実数値のように，連続した値をとる確率変数を**連続型確率変数**という。

確率密度関数 $f(x)$　連続型確率変数 X に対して，次の[1]，[2]，[3]を満たす関数 $f(x)$ $(\alpha \leqq x \leqq \beta)$ を**確率密度関数**といい，曲線 $y=f(x)$ を X の**分布曲線**という。

[1] $f(x) \geqq 0$

[2] $P(a \leqq X \leqq b)=\int_a^b f(x)dx$

[3] x 軸と曲線 $y=f(x)$ の間の面積は 1

19 正規分布

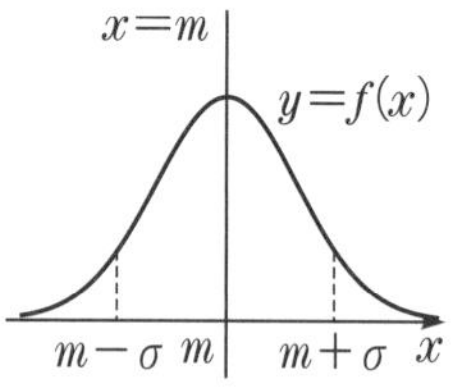

正規分布　連続型確率変数 X の確率密度関数 $f(x)$ が，

$$f(x)=\frac{1}{\sqrt{2\pi}\,\sigma}e^{-\frac{(x-m)^2}{2\sigma^2}} \quad \cdots ①$$

(m は実数，σ は正の実数，e は自然対数の底とよばれる無理数で，$e=2.71828\cdots$) で与えられるとき，X は**正規分布 $N(m,\ \sigma^2)$** に従うといい，次のことが知られている。

　平均 $E(X)=m$　　標準偏差 $\sigma(X)=\sigma$

曲線 $y=f(x)$ を**正規分布曲線**といい，次の性質をもつ。

[1]　直線 $x=m$ に関して対称で，$x=m$ のとき最大値をとる。

[2]　曲線 $y=f(x)$ と x 軸の間の面積は 1 である。

[3]　x 軸を漸近線とし，標準偏差 σ の値が大きくなると山は平たくなり，値が小さくなると山は高くなって対称軸のまわりに集まる。

標準正規分布　確率変数 X の平均を m，標準偏差を σ とするとき，X を $Z=\frac{X-m}{\sigma}$ で定義される確率変数 Z に変換することを**標準化**という。X が正規分布 $N(m,\ \sigma^2)$ に従うとき，Z は平均 0，標準偏差 1 の正規分布，すなわち標準正規分布 $N(0,\ 1)$ に従い，①は

$f(z)=\frac{1}{\sqrt{2\pi}}e^{-\frac{z^2}{2}}$ となる。

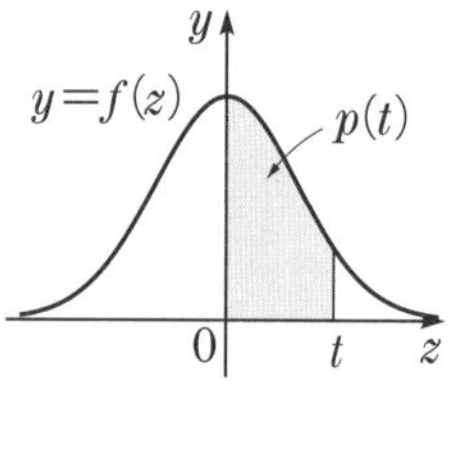

$P(0 \leqq Z \leqq t)$ を **$p(t)$** と表すと，$p(t)$ の値は右の図の色の部分の面積に等しい。p.71 の正規分布表は，t の値に対する $p(t)$ の値をまとめたものである。

20 二項分布と正規分布

二項分布と正規分布　確率変数 X が二項分布 $B(n,\ p)$ に従うとき，平均 $E(X)=np$，分散 $V(X)=npq$ (ただし，$q=1-p$) である。この確率変数 X は，n が十分大きいとき，近似的に正規分布 **$N(np,\ npq)$** に従うことが知られている。

さらに，$Z=\frac{X-np}{\sqrt{npq}}$ とおくと，Z は近似的に標準正規分布 $N(0,\ 1)$ に従う。

16 正規分布表の利用① 19 正規分布

正規分布表を利用して，次の問いに答えよ。

(1) 確率変数 Z が標準正規分布 $N(0,\ 1)$ に従うとき，確率 $P(Z \geqq 0.95)$ を求めよ。

$P(Z \geqq 0.95)$
$= P(Z \geqq 0) - P(0 \leqq Z \leqq 0.95)$
$= 0.5 - p(0.95) = 0.5 - 0.32894$
$= \mathbf{0.17106}$ …答

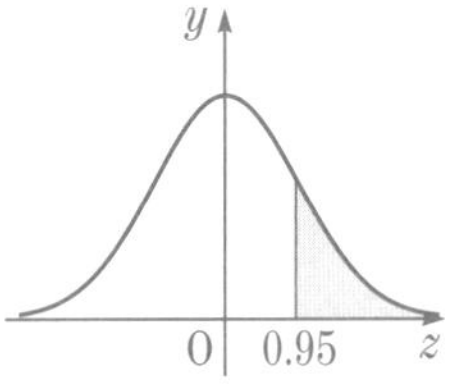

(2) 確率変数 X が正規分布 $N(55,\ 15^2)$ に従うとき，確率 $P(X \leqq 64)$ を求めよ。

$Z = \dfrac{X-55}{15}$ とおくと，Z は標準正規分布 $N(0,\ 1)$ に従う。$X \leqq 64$ より

$\dfrac{X-55}{15} \leqq \dfrac{64-55}{15}$　　$Z \leqq 0.6$

$P(X \leqq 64) = P(Z \leqq 0.6)$
$= P(Z \leqq 0) + P(0 \leqq Z \leqq 0.6)$
$= 0.5 + p(0.6) = 0.5 + 0.22575 = \mathbf{0.72575}$ …答

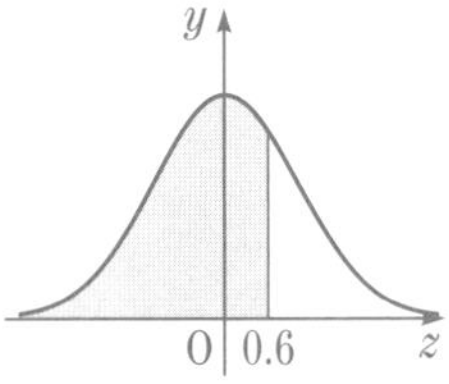

17 二項分布の正規分布による近似① 20 二項分布と正規分布

1個のさいころを450回投げるとき，3の倍数の目が出る回数を X として，確率 $P(135 \leqq X \leqq 170)$ を求めよ。

X は二項分布 $B\left(450,\ \dfrac{1}{3}\right)$ に従うから

$E(X) = 450 \times \dfrac{1}{3} = 150$

$V(X) = 450 \times \dfrac{1}{3} \times \dfrac{2}{3} = 100 = 10^2$

450は十分大きいので，X は近似的に正規分布 $N(150,\ 10^2)$ に従う。$Z = \dfrac{X-150}{10}$ とおくと，Z は近似的に標準正規分布 $N(0,\ 1)$ に従う。

$135 \leqq X \leqq 170$ より

$\dfrac{135-150}{10} \leqq \dfrac{X-150}{10} \leqq \dfrac{170-150}{10}$　　$-1.5 \leqq Z \leqq 2$

$P(135 \leqq X \leqq 170) = P(-1.5 \leqq Z \leqq 2)$
$= P(-1.5 \leqq Z \leqq 0) + P(0 \leqq Z \leqq 2)$
$= P(0 \leqq Z \leqq 1.5) + P(0 \leqq Z \leqq 2)$
$= p(1.5) + p(2) = 0.43319 + 0.47725$
$= \mathbf{0.91044}$ …答

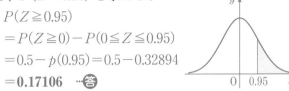

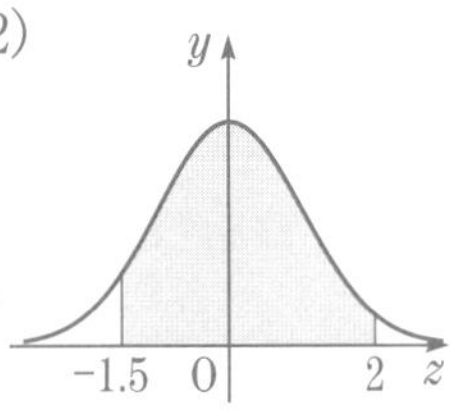

ガイド

ヒラメキ
正規分布表を利用して確率を求めよ。→どの部分の面積を求めるかを考える。

なにをする？
(1) p.71 の正規分布表で，$p(t)$ の値は，$0 \leqq Z \leqq t$ となる確率である。
$t = 0.95$ のときの $p(0.95)$ の値，つまり $P(0 \leqq Z \leqq 0.95)$ の値を読み取り，
$P(Z \geqq 0.95)$
$= P(Z \geqq 0) - P(0 \leqq Z \leqq 0.95)$
を計算する。
$P(Z \geqq 0) = 0.5$ を利用する。
(2) $Z = \dfrac{X-55}{15}$ とおくと，Z は標準正規分布 $N(0,\ 1)$ に従う。$t = \dfrac{64-55}{15}$ の値を求めて，$p(t)$ の値を読み取り，$P(Z \leqq 0) = 0.5$ を利用する。

ヒラメキ
同じ試行を繰り返す。
→二項分布になる。

なにをする？
二項分布の平均と分散の公式を用いて，$E(X) = m$ と $V(X) = \sigma^2$ を求める。
450は十分大きいので，X は近似的に正規分布 $N(m,\ \sigma^2)$ に従うから，$Z = \dfrac{X-m}{\sigma}$ とおいて，正規分布表を利用する。
$s > 0$，$t > 0$ のとき
$P(-s \leqq Z \leqq 0)$
$= P(0 \leqq Z \leqq s)$
$= p(s)$
$P(-s \leqq Z \leqq t)$
$= P(-s \leqq Z \leqq 0) + P(0 \leqq Z \leqq t)$
$= p(s) + p(t)$

ガイドなしでやってみよう！

18 **確率密度関数**

確率変数 X の確率密度関数が，$f(x)=2x\ (0 \leqq x \leqq 1)$ のとき，確率 $P(0.2 \leqq X \leqq 0.7)$ を求めよ。

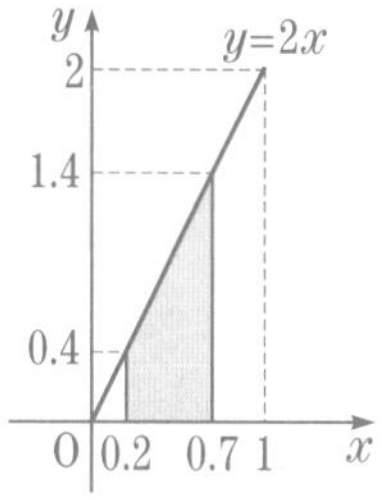

求める確率は，右の図の色の部分の台形の面積である。

$f(0.2)=0.4$，$f(0.7)=1.4$ であるから

$$P(0.2 \leqq X \leqq 0.7)=\frac{1}{2}\times(0.4+1.4)\times(0.7-0.2)$$

$$=\mathbf{0.45}$$ …答

19 **正規分布表の利用②**

確率変数 X が正規分布 $N(50,\ 8^2)$ に従うとき，次の確率を求めよ。

(1) $P(X \leqq 30)$

$Z=\dfrac{X-50}{8}$ とおくと，Z は標準正規分布 $N(0,\ 1)$ に従う。

$X \leqq 30$ より　$\dfrac{X-50}{8} \leqq \dfrac{30-50}{8}$

よって　$Z \leqq -2.5$

$P(X \leqq 30)=P(Z \leqq -2.5)$

$=P(Z \leqq 0)-P(-2.5 \leqq Z \leqq 0)$

$=0.5-p(2.5)=0.5-0.49379$

$=\mathbf{0.00621}$ …答

(2) $P(46 \leqq X \leqq 63)$

$46 \leqq X \leqq 63$ より

$\dfrac{46-50}{8} \leqq \dfrac{X-50}{8} \leqq \dfrac{63-50}{8}$

よって　$-0.5 \leqq Z \leqq 1.625$ ← 小数第3位を四捨五入する。

$P(46 \leqq X \leqq 63)=P(-0.5 \leqq Z \leqq 1.63)$

$=P(-0.5 \leqq Z \leqq 0)+P(0 \leqq Z \leqq 1.63)$

$=p(0.5)+p(1.63)$

$=0.19146+0.44845$

$=\mathbf{0.63991}$ …答

20 **正規分布の活用①**

あるテストの受験生は350人で，その結果は平均55点，標準偏差12点の正規分布に従うという。このとき，次の問いに答えよ。

(1) 得点が70点以上の受験生はおよそ何人いるか。

受験生の得点を X とすると，X は正規分布 $N(55,\ 12^2)$ に従う。

$Z=\dfrac{X-55}{12}$ とおくと，Z は標準正規分布 $N(0,\ 1)$ に従う。

$X \geqq 70$ のとき　$\dfrac{X-55}{12} \geqq \dfrac{70-55}{12}$　　よって　$Z \geqq 1.25$

350人中70点以上の受験生の割合。

$P(X \geqq 70)=P(Z \geqq 1.25)=P(Z \geqq 0)-P(0 \leqq Z \leqq 1.25)=0.5-0.39435=0.10565$

$350\times0.10565=36.9775$ であるから　**約37人** …答

(2) 点数の上位100人以内に属する受験生は何点以上であったか。

上位100人の全体に対する割合は　$100\div350=0.285714\cdots$

$0.5-0.28571=0.21429$ で，正規分布表でこれに近い値を探すと　$p(0.57)=0.21566$

$Z=\dfrac{X-55}{12} \geqq 0.57$ のとき，$X \geqq 55+12\times0.57=61.84$ であるから　**62点以上** …答

21 正規分布の活用②

ある学校の高校2年生360人の身長は，平均169 cm，標準偏差5 cmの正規分布に従うという。このとき，身長が170 cm以上180 cm以下の生徒はおよそ何人いるか。

生徒の身長をXとすると，Xは正規分布$N(169,\ 5^2)$に従う。

$Z=\dfrac{X-169}{5}$ とおくと，Zは標準正規分布$N(0,\ 1)$に従う。

$170 \leqq X \leqq 180$ より $\dfrac{170-169}{5} \leqq \dfrac{X-169}{5} \leqq \dfrac{180-169}{5}$ よって $0.2 \leqq Z \leqq 2.2$

$P(170 \leqq X \leqq 180)=P(0.2 \leqq Z \leqq 2.2)=P(0 \leqq Z \leqq 2.2)-P(0 \leqq Z \leqq 0.2)$

$=p(2.2)-p(0.2)=0.48610-0.07926=0.40684$

$360 \times 0.40684=146.4624$ であるから **約146人** …答

$s>t>0$ のとき
$P(t \leqq Z \leqq s)$
$=P(0 \leqq Z \leqq s)-P(0 \leqq Z \leqq t)$
$=p(s)-p(t)$

22 二項分布の正規分布による近似②

A，B 2人がさいころを1個ずつ投げ，Aの出た目がBより大きければAの勝ち，それ以外の場合はBの勝ちとする。これを180回繰り返すとき，Aが勝つ回数をXとする。このとき，次の問いに答えよ。

(1) 確率変数Xの平均$E(X)$，分散$V(X)$，標準偏差$\sigma(X)$を求めよ。

Aが勝つ場合を○，Bが勝つ場合を×として勝敗を表にすると，右のようになる。

A＼B	1	2	3	4	5	6
1	×	×	×	×	×	×
2	○	×	×	×	×	×
3	○	○	×	×	×	×
4	○	○	○	×	×	×
5	○	○	○	○	×	×
6	○	○	○	○	○	×

1回のゲームでAが勝つ確率は $\dfrac{15}{36}=\dfrac{5}{12}$

Xは二項分布$B\left(180,\ \dfrac{5}{12}\right)$に従うから

$\boldsymbol{E(X)}=180 \times \dfrac{5}{12}=\mathbf{75}$ …答

$\boldsymbol{V(X)}=180 \times \dfrac{5}{12} \times \dfrac{7}{12}=75 \times \dfrac{7}{12}=\mathbf{\dfrac{175}{4}}$ …答

$\boldsymbol{\sigma(X)}=\sqrt{V(X)}=\mathbf{\dfrac{5\sqrt{7}}{2}}$ …答

(2) Aが70回以上勝つ確率を求めよ。ただし，$\sqrt{7}=2.646$とする。

180は十分大きいので，Xは近似的に正規分布$N\left(75,\ \left(\dfrac{5\sqrt{7}}{2}\right)^2\right)$に従う。

$Z=\dfrac{X-75}{\frac{5\sqrt{7}}{2}}=\dfrac{2(X-75)}{5\sqrt{7}}$ とおくと，Zは近似的に標準正規分布$N(0,\ 1)$に従う。

$X \geqq 70$ のとき $\dfrac{2(X-75)}{5\sqrt{7}} \geqq \dfrac{2(70-75)}{5\sqrt{7}}=-\dfrac{2}{\sqrt{7}}=-\dfrac{2\sqrt{7}}{7}=-\dfrac{2 \times 2.646}{7}=-0.756$

小数第3位を四捨五入する。

よって，$Z \geqq -0.76$ であるから，求める確率は

$P(X \geqq 70)=P(Z \geqq -0.76)=P(-0.76 \leqq Z \leqq 0)+P(Z \geqq 0)$

$=P(0 \leqq Z \leqq 0.76)+0.5=p(0.76)+0.5=0.27637+0.5=\mathbf{0.77637}$ …答

第2章 統計的な推測

4 母集団・標本平均とその分布

ポイント

21 母集団とその分布

母集団と標本

統計では，調査の対象全体を**母集団**といい，母集団に属する個々のものを**個体**，個体の総数を**母集団の大きさ**という。母集団から調査のために抜き出された個体の集合を**標本**といい，その中の個体の個数を**標本の大きさ**という。

調査方法

調査の対象を母集団全体とする方法を**全数調査**という。母集団から一部を抜き出して調べる方法を**標本調査**という。

標本の抽出方法

標本を抽出するとき，毎回もとにもどした後に個体を1個ずつ抽出する方法を**復元抽出**という。そうではなく，個体をもとにもどさずに次の個体を抽出する方法を**非復元抽出**という。

母集団分布

母集団の各個体には統計の対象となる性質がいくつも備わっている。そのうちの1つを数量で表したものを**変量**という。母集団の大きさをNとし，変量Xのとり得る値がx_1，x_2，…，x_kのとき，それぞれの値をとる個体の個数をf_1，f_2，…，f_kとする。当然，$f_1+f_2+\cdots+f_k=N$となっている。

変量	x_1	x_2	…	x_k	計
個数	f_1	f_2	…	f_k	N

この母集団から1つの個体を抽出するとき，Xは右のような確率分布をもつ確率変数である。この確率分布を**母集団分布**という。この分布の平均を**母平均**，分散を**母分散**，標準偏差を**母標準偏差**といい，それぞれm，σ^2，σで表す。$E(X)$，$V(X)$，$\sigma(X)$で表すこともある。

X	x_1	x_2	…	x_k	計
P	$\frac{f_1}{N}$	$\frac{f_2}{N}$	…	$\frac{f_k}{N}$	1

22 標本平均とその分布

標本平均の性質

母集団から復元抽出した大きさnの標本の変量をX_1，X_2，…，X_nとするとき，それらの平均を**標本平均**といい，$\overline{X}$で表す。すなわち

$$\overline{X}=\frac{X_1+X_2+\cdots+X_n}{n}$$

nを固定すると，$\overline{X}$は抽出される標本によって変化する確率変数である。

母平均がm，母分散がσ^2のとき，$\overline{X}$について，次の性質がよく知られている。

[1] $\overline{X}$の平均と分散は，それぞれ$E(\overline{X})=m$，$V(\overline{X})=\frac{\sigma^2}{n}$である。

[2] nが大きくなるに従って，$\overline{X}$は母平均mに近づく（**大数の法則**）。

[3] nが十分大きいときは，$\overline{X}$の分布は近似的に正規分布$N\left(m,\ \frac{\sigma^2}{n}\right)$に従うとみなしてよい（**中心極限定理**）。とくに，母集団が正規分布$N(m,\ \sigma^2)$に従うときは，nが大きくなくても，$\overline{X}$の分布は正規分布$N\left(m,\ \frac{\sigma^2}{n}\right)$に従う。

23 母集団分布① 21 母集団とその分布

[1]，[2] のカードが 10 枚ずつ，[3] のカードが 20 枚，合計 40 枚のカードを母集団として，1 枚のカードを取り出したとき，そのカードに書かれている数を確率変数 X とする。このとき，母平均 m，母分散 σ^2 を求めよ。

$X=1$，2 となる確率は，それぞれ $\frac{10}{40}=\frac{1}{4}$

$X=3$ となる確率は

$\frac{20}{40}=\frac{1}{2}$

X	1	2	3	計
P	$\frac{1}{4}$	$\frac{1}{4}$	$\frac{1}{2}$	1

$$\boldsymbol{m}=1\times\frac{1}{4}+2\times\frac{1}{4}+3\times\frac{1}{2}=\frac{1+2+6}{4}=\boldsymbol{\frac{9}{4}}$$ …答

$$\boldsymbol{\sigma}^2=1^2\times\frac{1}{4}+2^2\times\frac{1}{4}+3^2\times\frac{1}{2}-\left(\frac{9}{4}\right)^2$$

$$=\frac{1+4+18}{4}-\frac{81}{16}=\frac{23}{4}-\frac{81}{16}=\boldsymbol{\frac{11}{16}}$$ …答

ガイド

ヒラメキ
母平均，母分散を求めよ。
→まず，母集団分布を求める。

なにをする？
確率変数Xのとり得る値は，$X=1$，2，3であるから，Xがその値をとる確率を求め，母集団分布の表を作る。
母平均は XP の合計であり，母分散は $(X-m)^2P$ の合計である。
また，$\sigma^2=E(X^2)-m^2$ で求めることもできる。

24 標本平均の分布① 22 標本平均とその分布

[1]，[2]，[3] のカードが 10 枚ずつ，合計 30 枚のカードを母集団とし，大きさ 2 の標本を復元抽出する。

(1) 得られる標本をすべて書け。

(1，1)，(1，2)，(1，3)，(2，1)，(2，2)，(2，3)
(3，1)，(3，2)，(3，3) …答

(2) 標本平均 $\overline{X}$ の確率分布を求めよ。

標本平均 $\overline{X}$ のとる値は　$\overline{X}=1$，1.5，2，2.5，3

(1)の 9 通りの標本が取り出される確率は，すべて

$\frac{10}{30}\times\frac{10}{30}=\frac{1}{9}$ なので，同じ平均になるものをまとめると，$\overline{X}$ の確率分布は，次の表のようになる。

答

$\overline{X}$	1	1.5	2	2.5	3	計
P	$\frac{1}{9}$	$\frac{2}{9}$	$\frac{3}{9}$	$\frac{2}{9}$	$\frac{1}{9}$	1

ヒラメキ
標本を復元抽出する。
→問題の意味を理解し，規則正しく書き出す。

なにをする？
(1) 1 回目に[3]，2 回目に[1]のカードを取り出すことを (3，1) と表すことにして，3×3=9 (通り) の標本をすべて書き出す。
(2) 標本平均が等しいものをまとめて確率分布の表を作る。

25 標本平均の分布② 22 標本平均とその分布

母平均 30，母標準偏差 12 の十分大きい母集団から，大きさ 36 の標本を復元抽出するとき，標本平均 $\overline{X}$ は近似的にどのような分布に従うか。

$$E(\overline{X})=E(X)=30,\quad V(\overline{X})=\frac{\sigma^2}{n}=\frac{12^2}{36}=\left(\frac{12}{6}\right)^2=2^2$$

より，近似的に**正規分布 $N(30,\ 2^2)$ に従う。** …答

ヒラメキ
標本平均の分布。→標本の大きさnが十分大きいときは，標本平均 $\overline{X}$ は，近似的に正規分布 $N\left(m,\ \frac{\sigma^2}{n}\right)$ に従う。

なにをする？
$E(\overline{X})=m$，$V(\overline{X})=\frac{\sigma^2}{n}$ を計算する。

第2章 統計的な推測

ガイドなしでやってみよう！

26 **母集団分布②**

$\boxed{1}$ のカードが 30 枚，$\boxed{2}$ のカードが 50 枚，$\boxed{3}$ のカードが 10 枚，$\boxed{4}$ のカードが 10 枚，合計 100 枚のカードを母集団として，1 枚のカードを取り出したとき，そのカードに書かれている数を確率変数 X とする。このとき，母平均 m，母分散 σ^2，母標準偏差 σ を求めよ。

確率変数 X のとり得る値は　$X=1,\ 2,\ 3,\ 4$

$X=1$ となる確率は　$\dfrac{30}{100}=\dfrac{3}{10}$

$X=2$ となる確率は　$\dfrac{50}{100}=\dfrac{5}{10}$

$X=3,\ 4$ となる確率は，それぞれ　$\dfrac{10}{100}=\dfrac{1}{10}$

計算が楽になるように，分母を 10 でそろえておく。

X	1	2	3	4	計
P	$\frac{3}{10}$	$\frac{5}{10}$	$\frac{1}{10}$	$\frac{1}{10}$	1

よって　$\boldsymbol{m}=1\times\dfrac{3}{10}+2\times\dfrac{5}{10}+3\times\dfrac{1}{10}+4\times\dfrac{1}{10}=\dfrac{3+10+3+4}{10}=\dfrac{20}{10}=\mathbf{2}$ …答

$\boldsymbol{\sigma}^2=1^2\times\dfrac{3}{10}+2^2\times\dfrac{5}{10}+3^2\times\dfrac{1}{10}+4^2\times\dfrac{1}{10}-2^2=\dfrac{3+20+9+16}{10}-4=\dfrac{48}{10}-4=\boldsymbol{\dfrac{4}{5}}$ …答

$\boldsymbol{\sigma}=\sqrt{\dfrac{4}{5}}=\boldsymbol{\dfrac{2\sqrt{5}}{5}}$ …答

［別解］ $\boldsymbol{\sigma}^2=(1-2)^2\times\dfrac{3}{10}+(2-2)^2\times\dfrac{5}{10}+(3-2)^2\times\dfrac{1}{10}+(4-2)^2\times\dfrac{1}{10}=\dfrac{3+0+1+4}{10}=\boldsymbol{\dfrac{4}{5}}$

27 **標本平均の分布③**

母平均 80，母標準偏差 20 の十分大きい母集団から，大きさ 25 の標本を無作為(むさくい)に復元抽出するとき，次の問いに答えよ。

(1) 標本平均 $\overline{X}$ の平均 $E(\overline{X})$，分散 $V(\overline{X})$，標準偏差 $\sigma(\overline{X})$ を求めよ。

$\boldsymbol{E(\overline{X})=E(X)=80}$ …答

$V(X)=20^2$ より　$\boldsymbol{V(\overline{X})}=\dfrac{20^2}{25}=\left(\dfrac{20}{5}\right)^2=4^2=\mathbf{16}$ …答

$\boldsymbol{\sigma(\overline{X})=\sqrt{16}=4}$ …答

(2) 標本平均 $\overline{X}$ は，近似的にどのような分布に従うか。

母集団は十分大きいので，(1)より，近似的に**正規分布 $N(80,\ 4^2)$** に従う。…答

(3) 標本平均 $\overline{X}$ が 85 以上の値をとる確率 $P(\overline{X}\geqq 85)$ を求めよ。

$Z=\dfrac{\overline{X}-80}{4}$ とおくと，Z は近似的に標準正規分布 $N(0,\ 1)$ に従う。

$\overline{X}\geqq 85$ より　$\dfrac{\overline{X}-80}{4}\geqq\dfrac{85-80}{4}$　　よって　$Z\geqq 1.25$

$P(\overline{X}\geqq 85)=P(Z\geqq 1.25)=P(Z\geqq 0)-P(0\leqq Z\leqq 1.25)$

$=0.5-p(1.25)=0.5-0.39435=\mathbf{0.10565}$ …答

28 標本平均の分布の活用①

ある都道府県の高校2年生が受験した50点満点のテストの結果は，平均が30点，標準偏差が15点であった。このテストの受験生を母集団として，大きさ16の標本を抽出するとき，次の問いに答えよ。

(1) 標本平均 $\overline{X}$ は，近似的にどのような分布に従うか。

$$E(\overline{X})=E(X)=30,\quad V(\overline{X})=\frac{15^2}{16}=\left(\frac{15}{4}\right)^2$$

よって，近似的に**正規分布** $\boldsymbol{N\left(30,\ \left(\frac{15}{4}\right)^2\right)}$ **に従う。** …答

(2) 標本平均 $\overline{X}$ が24以上39以下の値をとる確率を求めよ。

$Z=\dfrac{\overline{X}-30}{\frac{15}{4}}=\dfrac{4(\overline{X}-30)}{15}$ とおくと，Z は近似的に標準正規分布 $N(0,\ 1)$ に従う。

$24\leqq\overline{X}\leqq39$ より $\dfrac{4(24-30)}{15}\leqq\dfrac{4(\overline{X}-30)}{15}\leqq\dfrac{4(39-30)}{15}$ 　よって $-1.6\leqq Z\leqq2.4$

$$P(24\leqq\overline{X}\leqq39)=P(-1.6\leqq Z\leqq2.4)=P(-1.6\leqq Z\leqq0)+P(0\leqq Z\leqq2.4)$$
$$=p(1.6)+p(2.4)=0.44520+0.49180=\mathbf{0.93700}$$ …答

(3) 標本平均 $\overline{X}$ が36以上42以下の値をとる確率を求めよ。

$36\leqq\overline{X}\leqq42$ より $\dfrac{4(36-30)}{15}\leqq\dfrac{4(\overline{X}-30)}{15}\leqq\dfrac{4(42-30)}{15}$ 　よって $1.6\leqq Z\leqq3.2$

$$P(36\leqq\overline{X}\leqq42)=P(1.6\leqq Z\leqq3.2)=P(0\leqq Z\leqq3.2)-P(0\leqq Z\leqq1.6)$$
$$=p(3.2)-p(1.6)=0.49931-0.44520=\mathbf{0.05411}$$ …答

29 標本平均の分布の活用②

ある学校の生徒を母集団とするとき，生徒の身長は近似的に平均165 cm，標準偏差4 cmの正規分布に従うという。この母集団から大きさ64の標本を抽出するとき，次の問いに答えよ。

(1) 標本平均 $\overline{X}$ は，近似的にどのような分布に従うか。

$$E(\overline{X})=E(X)=165,\quad V(\overline{X})=\frac{4^2}{64}=\left(\frac{4}{8}\right)^2=0.5^2$$

よって，近似的に**正規分布** $\boldsymbol{N(165,\ 0.5^2)}$ **に従う。** …答

(2) 標本平均 $\overline{X}$ が164以上166以下の値をとる確率を求めよ。

$Z=\dfrac{\overline{X}-165}{0.5}$ とおくと，Z は近似的に標準正規分布 $N(0,\ 1)$ に従う。

$164\leqq\overline{X}\leqq166$ より $\dfrac{164-165}{0.5}\leqq\dfrac{\overline{X}-165}{0.5}\leqq\dfrac{166-165}{0.5}$ 　よって $-2\leqq Z\leqq2$

$$P(164\leqq\overline{X}\leqq166)=P(-2\leqq Z\leqq2)=P(-2\leqq Z\leqq0)+P(0\leqq Z\leqq2)$$
$$=2p(2)=2\times0.47725=\mathbf{0.95450}$$ …答

第2章 統計的な推測

5 母集団の推定

ポイント

23 母平均の推定

母平均の推定　(母平均 m がわからないとき，$\overline{X}$ から m を推定)

母標準偏差が σ である母集団から復元抽出した十分大きい大きさ n の標本の標本平均を $\overline{X}$ とすると，$\overline{X}-1.96\cdot\frac{\sigma}{\sqrt{n}}$ 以上 $\overline{X}+1.96\cdot\frac{\sigma}{\sqrt{n}}$ 以下の区間に m が含まれる確率は 95 % である。この区間を $\left[\overline{X}-1.96\cdot\frac{\sigma}{\sqrt{n}},\ \overline{X}+1.96\cdot\frac{\sigma}{\sqrt{n}}\right]$ と表し，母平均 m に対する**信頼度 95 % の信頼区間**という。

標本標準偏差 S の利用　(母標準偏差 σ がわからないとき)

標本の大きさ n が十分大きいときは，値のわからない母標準偏差 σ の代わりに，標本標準偏差 $S=\sqrt{\frac{1}{n}\sum_{k=1}^{n}(X_k-\overline{X})^2}$ を用いて母平均 m を推定してもよい。

24 母比率の推定

母比率と標本比率　母集団の中で，ある性質 A をもつものの割合を**母比率**といい p で表す。また，母集団の中から大きさ n の標本を抽出し，その中で性質 A をもつものの個数を X とするとき，その割合 $R=\frac{X}{n}$ を**標本比率**という。

母比率の推定　標本の大きさ n が大きいときは，標本比率 R は近似的に正規分布 $N\left(p,\ \frac{p(1-p)}{n}\right)$ に従い，母比率 p に対する信頼度 95 % の信頼区間は，

$\left[R-1.96\cdot\sqrt{\frac{R(1-R)}{n}},\ R+1.96\cdot\sqrt{\frac{R(1-R)}{n}}\right]$ である。

25 仮説検定の考え方

仮説検定　ある母集団に対して，正しいか正しくないかを判断したい仮説を**対立仮説**，それに反する仮説を**帰無**（きむ）**仮説**という。取り出した標本から得られた結果によって，正しいか正しくないか判断することを**仮説検定**といい，仮説が正しくないと判断することを**棄却**（ききゃく）するという。仮説を棄却する際に基準とする確率を**有意水準**といい，5 % や 1 % が用いられることが多い。本書では 5 % を用いる。

仮説検定の手順

[1] 対立仮説と帰無仮説を考える。

[2] 帰無仮説が真であると仮定し，標本の結果よりも極端なことが起こる確率を求める。

[3] 仮説の確率変数の値と有意水準を比べ，仮説が正しいかどうかを判断する。

標本平均 $\overline{X}$ を近似的に標準正規分布 $N(0,\ 1)$ に従うように標準化した値を Z とする。

正規分布表より，$\boldsymbol{P(-1.96 \leqq Z \leqq 1.96)=0.95}$ なので，$\boldsymbol{Z \leqq -1.96}$ または $\boldsymbol{Z \geqq 1.96}$ のとき，帰無仮説は棄却される。

30 母平均の推定① 23 母平均の推定

母標準偏差3の母集団から，大きさ50の標本を抽出したところ，標本平均が23であった。母平均の信頼度95％の信頼区間を求めよ。ただし，$\sqrt{2}=1.414$ とする。

$$1.96\times\frac{3}{\sqrt{50}}=1.96\times\frac{3\sqrt{2}}{10}=\frac{1.96\times3\times1.414}{10}$$

$$=0.831432\fallingdotseq0.831$$

$23-0.831=22.169$，$23+0.831=23.831$ となるから，

信頼度95％の信頼区間は　**[22.169，23.831]** …答

31 母比率の推定① 24 母比率の推定

ある製品の中から無作為（むさくい）に200個の製品を抽出して調べたところ，40個の不良品があった。この製品の不良品の割合に対する信頼度95％の信頼区間を求めよ。ただし，$\sqrt{2}=1.414$ とする。

標本比率を R とすると，$R=\frac{40}{200}=\frac{1}{5}=0.2$

$$1.96\times\sqrt{\frac{0.2\times(1-0.2)}{200}}=1.96\times\frac{\sqrt{0.16}}{10\sqrt{2}}=1.96\times\frac{0.4\sqrt{2}}{20}$$

$$=\frac{1.96\times0.2\times1.414}{10}=0.0554288\fallingdotseq0.055$$

$0.2-0.055=0.145$，$0.2+0.055=0.255$ となるから，

信頼度95％の信頼区間は　**[0.145，0.255]** …答

32 検定① 25 仮説検定の考え方

ある工場で生産されている1袋200 gのうどんから，無作為に25袋を調査すると，平均は198 g，標準偏差は4 gであった。全製品の重さの平均は200 gとは異なると判断できるか。有意水準5％で検定せよ。

帰無仮説「平均は200 gである」とする。

標本平均 $\overline{X}$ は，近似的に正規分布 $N\left(200,\ \frac{4^2}{25}\right)$，

すなわち $N(200,\ 0.8^2)$ に従う。

そして，$Z=\frac{\overline{X}-200}{0.8}$ とおくと，Z は近似的に標準正規分布 $N(0,\ 1)$ に従う。

$\overline{X}=198$ のとき　$Z=\frac{198-200}{0.8}=-2.5<-1.96$

よって，帰無仮説は棄却されるから，**全製品の重さの平均は200 gとは異なると判断できる。** …答

ガイド

ヒラメキ

母平均の信頼区間を求めよ。
→母標準偏差 σ と標本の大きさ n を用いて計算する。

なにをする？

$1.96\times\frac{\sigma}{\sqrt{n}}$ を，小数第3位まで求め，標本平均との差と和を計算する。
信頼度99％の信頼区間を求めるときは，1.96の代わりに2.58を用いる。

ヒラメキ

母比率の信頼区間を求めよ。
→標本比率 R と標本の大きさ n を用いて計算する。

なにをする？

$1.96\times\sqrt{\frac{R(1-R)}{n}}$ を，小数第3位まで求め，標本比率との差と和を計算する。

ヒラメキ

有意水準5％で検定せよ。
→標準正規分布 $N(0,\ 1)$ で近似したときの，確率変数を求める。

なにをする？

標本の大きさを n，標本平均を $\overline{X}$，標本標準偏差を S とすると，$\overline{X}$ は近似的に正規分布 $N\left(200,\ \frac{S^2}{n}\right)$ に従う。

$Z=\frac{\overline{X}-200}{\frac{S}{\sqrt{n}}}$ とおいて，

$\overline{X}=198$ のときの Z の値を計算し，$Z\leqq-1.96$ または $Z\geqq1.96$ ならば，帰無仮説を棄却する。

第2章 統計的な推測

ガイドなしでやってみよう！

33 母平均の推定②

ある中学校で 50 人の生徒を無作為に抽出して通学時間を調べた結果，右の表のようになった。この中学校全体の生徒の通学時間の平均について，信頼度 95 % の信頼区間を求めよ。ただし，$\sqrt{10}=3.16$ とする。

時間(分)	10	15	20	25	30	35	40	計
人数(人)	2	7	11	15	10	4	1	50

標本平均を $\overline{X}$，標本標準偏差を S とすると

$$\overline{X}=\frac{1}{50}(10\times2+15\times7+20\times11+25\times15+30\times10+35\times4+40\times1)=\frac{1200}{50}=24$$

$$S^2=\frac{1}{50}(10^2\times2+15^2\times7+20^2\times11+25^2\times15+30^2\times10+35^2\times4+40^2\times1)-24^2$$

$$=\frac{31050}{50}-576=621-576=45$$

よって，$S=\sqrt{45}=3\sqrt{5}$ であるから

$$1.96\times\frac{3\sqrt{5}}{\sqrt{50}}=1.96\times\frac{3\sqrt{10}}{10}=\frac{1.96\times3\times3.16}{10}=1.85808\fallingdotseq1.86$$

$24-1.86=22.14$，$24+1.86=25.86$ となるから，信頼度 95 % の信頼区間は

[22.14，25.86] …答

34 母平均の推定③

正規分布に従う母集団から大きさ 8 の標本を無作為に復元抽出したところ，

25，23，24，27，24，27，25，25

であった。このとき，母平均の信頼度 95 % の信頼区間を求めよ。ただし，$\sqrt{14}=3.74$ とする。

標本を整理すると，右の表のようになる。

X	23	24	25	27	計
個数	1	2	3	2	8

標本平均を $\overline{X}$，標本標準偏差を S とすると

$$\overline{X}=\frac{1}{8}(23\times1+24\times2+25\times3+27\times2)=\frac{200}{8}=25$$

$$S^2=\frac{1}{8}\{(23-25)^2\times1+(24-25)^2\times2+(25-25)^2\times3+(27-25)^2\times2\}=\frac{14}{8}=\frac{7}{4}$$

よって，$S=\frac{\sqrt{7}}{2}$ であるから

分母，分子に $2\sqrt{2}$ を掛ける。

$$1.96\times\frac{\frac{\sqrt{7}}{2}}{\sqrt{8}}=1.96\times\frac{\sqrt{14}}{8}=\frac{1.96\times3.74}{8}=0.9163\fallingdotseq0.92$$

$25-0.92=24.08$，$25+0.92=25.92$ となるから，信頼度 95 % の信頼区間は

[24.08，25.92] …答

35 母比率の推定②

ある政党の支持率に関するアンケートを 200 人に実施したところ，支持するという回答が 120 人であった。この政党の支持率に対する信頼度 95 % の信頼区間を求めよ。ただし，$\sqrt{3}=1.73$ とする。

標本比率を R とすると，$R=\dfrac{120}{200}=\dfrac{3}{5}=0.6$

分子に $\sqrt{100}$，分母に 10 を掛ける。

$$1.96\times\sqrt{\frac{0.6\times(1-0.6)}{200}}=1.96\times\frac{\sqrt{0.24}}{10\sqrt{2}}=1.96\times\frac{\sqrt{24}}{100\sqrt{2}}=1.96\times\frac{2\sqrt{3}}{100}$$

$$=\frac{1.96\times2\times1.73}{100}=0.067816\fallingdotseq0.068$$

$0.6-0.068=0.532$，$0.6+0.068=0.668$ となるから，信頼度 95 % の信頼区間は

[0.532，0.668] …答

36 検定②

あるテストを，平均 50 点の正規分布に従うことを目標に作成したが，20 人の得点を無作為（むさくい）抽出したところ，平均は 40 点，標準偏差は 5 点であった。このテストの全体の平均は 50 点ではないと判断できるか。有意水準 5 % で検定せよ。

帰無仮説「平均は 50 点である」とする。

標本平均 $\overline{X}$ は，近似的に正規分布 $N\left(50,\ \dfrac{5^2}{20}\right)$，すなわち $N\left(50,\ \left(\dfrac{\sqrt{5}}{2}\right)^2\right)$ に従う。

$Z=\dfrac{\overline{X}-50}{\frac{\sqrt{5}}{2}}=\dfrac{2(\overline{X}-50)}{\sqrt{5}}$ とおくと，Z は近似的に標準正規分布 $N(0,\ 1)$ に従う。

$\sqrt{5}>1$ より　$-4\sqrt{5}<-4$

$\overline{X}=40$ のとき，$Z=\dfrac{2(40-50)}{\sqrt{5}}=-4\sqrt{5}<-1.96$ より，帰無仮説は棄却される。

よって，**全体の平均は 50 点ではないと判断できる。** …答

37 検定③

1 つのさいころを 180 回投げたとき，1 の目が 38 回出た。このさいころの 1 の目が出る確率は $\dfrac{1}{6}$ ではないと考えられるか。有意水準 5 % で検定せよ。

帰無仮説「1 の目が出る確率は $\dfrac{1}{6}$ である」とする。

180 回中 1 の目が X 回出るとすると，X は二項分布 $B\left(180,\ \dfrac{1}{6}\right)$ に従う。

$E(X)=180\times\dfrac{1}{6}=30$，$V(X)=180\times\dfrac{1}{6}\times\dfrac{5}{6}=25=5^2$ で，180 は十分大きいので X は近似的に正規分布 $N(30,\ 5^2)$ に従い，$Z=\dfrac{X-30}{5}$ とおくと Z は近似的に標準正規分布 $N(0,\ 1)$ に従う。$X=38$ のとき，$Z=\dfrac{38-30}{5}=1.6$ より $-1.96\leqq Z\leqq1.96$ となり，帰無仮説は棄却できないから **1 の目が出る確率は $\dfrac{1}{6}$ ではないとは判断できない。** …答

定期テスト対策問題

目標点　60点
制限時間　50分
点

1 確率変数 X の確率密度関数が，$f(x)=-\frac{1}{2}x+1$ $(0 \leqq x \leqq 2)$ のとき，確率 $P(0.8 \leqq X \leqq 1.6)$ を求めよ。 ⊃ 18　(10点)

求める確率は，右の図の色の部分の台形の面積である。
$f(0.8)=0.6$，$f(1.6)=0.2$ であるから

$$P(0.8 \leqq X \leqq 1.6)=\frac{1}{2}\times(0.6+0.2)\times(1.6-0.8)$$
$$=\mathbf{0.32}$$ …答

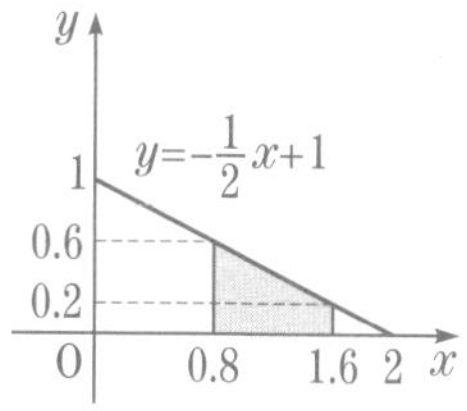

2 ○×式の問題が100問あり，無作為(むさくい)に○か×を答えるとき，45問以上正解する確率を求めよ。 ⊃ 17 20 21 22　(20点)

1問につき正解する確率は $\frac{1}{2}$ であるから，正解となる問題数を X とすると，確率変数 X は二項分布 $B\left(100,\ \frac{1}{2}\right)$ に従う。

$$E(X)=100\times\frac{1}{2}=50,\quad V(X)=100\times\frac{1}{2}\times\frac{1}{2}=25=5^2$$

100は十分大きいので，X は近似的に正規分布 $N(50,\ 5^2)$ に従う。

$Z=\frac{X-50}{5}$ とおくと，Z は近似的に標準正規分布 $N(0,\ 1)$ に従う。

$X \geqq 45$ より　$\frac{X-50}{5} \geqq \frac{45-50}{5}$　　よって　$Z \geqq -1$

$$P(X \geqq 45)=P(Z \geqq -1)=P(-1 \leqq Z \leqq 0)+P(Z \geqq 0)$$
$$=P(0 \leqq Z \leqq 1)+0.5=p(1)+0.5$$
$$=0.34134+0.5=\mathbf{0.84134}$$ …答

3 母平均40，母標準偏差6の十分大きい母集団から，大きさ81の標本を無作為(むさくい)に復元抽出するとき，標本平均 $\overline{X}$ が39以上42以下の値をとる確率を求めよ。 ⊃ 25 27　(20点)

$$E(\overline{X})=E(X)=40,\quad V(\overline{X})=\frac{6^2}{81}=\left(\frac{6}{9}\right)^2=\left(\frac{2}{3}\right)^2$$

母集団は十分大きいので，$\overline{X}$ は近似的に正規分布 $N\left(40,\ \left(\frac{2}{3}\right)^2\right)$ に従う。

$Z=\frac{\overline{X}-40}{\frac{2}{3}}=\frac{3(\overline{X}-40)}{2}$ とおくと，Z は近似的に標準正規分布 $N(0,\ 1)$ に従う。

$39 \leqq \overline{X} \leqq 42$ より　$\frac{3(39-40)}{2} \leqq \frac{3(\overline{X}-40)}{2} \leqq \frac{3(42-40)}{2}$　　よって　$-1.5 \leqq Z \leqq 3$

$$P(39 \leqq \overline{X} \leqq 42)=P(-1.5 \leqq Z \leqq 3)=P(-1.5 \leqq Z \leqq 0)+P(0 \leqq Z \leqq 3)$$
$$=p(1.5)+p(3)=0.43319+0.49865=\mathbf{0.93184}$$ …答

4 全国の高校 2 年生男子の体重の標準偏差が 7.8 kg であることがわかっている。ある高校 2 年生男子 360 人の体重を測定したところ，平均が 63.2 kg であった。このとき，次の問いに答えよ。ただし，$\sqrt{10}=3.16$ とする。 ⮌ 30 33 34 （各 15 点　計 30 点）

(1) 全国の高校 2 年生男子の体重の平均に対する信頼度 95 % の信頼区間を求めよ。

$$1.96\times\frac{7.8}{\sqrt{360}}=1.96\times\frac{7.8}{6\sqrt{10}}=1.96\times\frac{7.8\sqrt{10}}{60}=\frac{1.96\times7.8\times3.16}{60}=0.805168\fallingdotseq0.81$$

$63.2-0.81=62.39$，$63.2+0.81=64.01$ となるから，信頼度 95 % の信頼区間は

[62.39，64.01] …答

(2) 全国の高校 2 年生男子の体重の平均を，信頼度 95 % で推定するとき，信頼区間の幅を 1 kg 以下にしたい。標本として，少なくとも何人の体重を測定すればよいか。

少なくとも n 人とすると，$1.96\times\dfrac{7.8}{\sqrt{n}}\times2\leqq1$ となればよい。

$\sqrt{n}\geqq1.96\times7.8\times2=30.576$ より　$n\geqq934.891776$

よって，少なくとも **935 人**測定すればよい。 …答

5 ステンレスは，一般に鉄とクロムの合金であり，クロムの含有量は 10.5 % とされている。実際にあるステンレス製の製品について，クロムの含有量を調べてみると，

12，11，9，8，10　（単位は %）

であった。この結果から，この製品のクロムの含有量は 10.5 % ではないと判断できるか。有意水準 5 % で検定せよ。ただし，$\sqrt{10}=3.16$ とする。 ⮌ 32 36 37 （20 点）

帰無仮説「この製品のクロムの含有量は 10.5 % である」とする。

標本平均を $\overline{X}$，標本標準偏差を S とすると

$$\overline{X}=\frac{1}{5}(12+11+9+8+10)=\frac{50}{5}=10$$

$$S^2=\frac{1}{5}\{(12-10)^2+(11-10)^2+(9-10)^2+(8-10)^2+(10-10)^2\}=\frac{10}{5}=2$$

よって，$S=\sqrt{2}$ であり，$E(\overline{X})=E(X)=10.5$ であるから，標本平均 $\overline{X}$ は近似的に正規分布 $N\left(10.5,\ \dfrac{(\sqrt{2})^2}{5}\right)$ に従う。$Z=\dfrac{\overline{X}-10.5}{\sqrt{\dfrac{2}{5}}}=\dfrac{\sqrt{5}(\overline{X}-10.5)}{\sqrt{2}}=\dfrac{\sqrt{10}(\overline{X}-10.5)}{2}$ とおくと，

Z は近似的に標準正規分布 $N(0,\ 1)$ に従う。

$\overline{X}=10$ のとき　$Z=\dfrac{\sqrt{10}(10-10.5)}{2}=-\dfrac{3.16\times0.5}{2}=-0.79$

よって，$-1.96\leqq Z\leqq1.96$ となり，帰無仮説は棄却できない。

ゆえに，**この製品のクロムの含有量は 10.5 % ではないとは判断できない。** …答

第3章　ベクトル

1｜平面上のベクトル

ポイント

26　ベクトルの定義

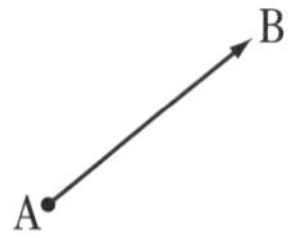

有向線分　右の図で点 A（始点）から点 B（終点）へ向かう線分のように，向きのついた線分を**有向線分**という。

ベクトル　向きと大きさをもった量。右の図では $\overrightarrow{\mathrm{AB}}$，その大きさを $|\overrightarrow{\mathrm{AB}}|$ と表す。

ベクトルの相等　2つのベクトル $\vec{a}$，$\vec{b}$ の向きと大きさが等しい。$\vec{a}=\vec{b}$ と表す。

逆ベクトル　$\vec{a}$ と $\vec{b}$ の大きさが等しく，向きが反対。$\vec{b}=-\vec{a}$ と表す。

零ベクトル　大きさが 0 のベクトル。$\vec{0}$ と表す。

27　ベクトルの計算

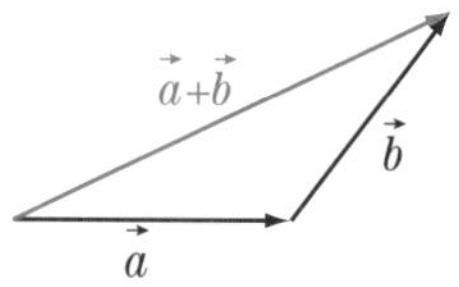

ベクトルの加法　$\vec{a}$ と $\vec{b}$ の和⇒$\vec{a}+\vec{b}$

ベクトルの減法　$\vec{a}$ と $\vec{b}$ の差⇒$\vec{a}-\vec{b}=\vec{a}+(-\vec{b})$

ベクトルの実数倍　$k\vec{a}$　（k を実数とする）

① $k>0$ のとき，$\vec{a}$ と同じ向きで，大きさは $|\vec{a}|$ の k 倍
② $k<0$ のとき，$\vec{a}$ と逆向きで，大きさは $|\vec{a}|$ の $|k|$ 倍
③ $k=0$ のとき，$\vec{0}$　　つまり　$0\vec{a}=\vec{0}$

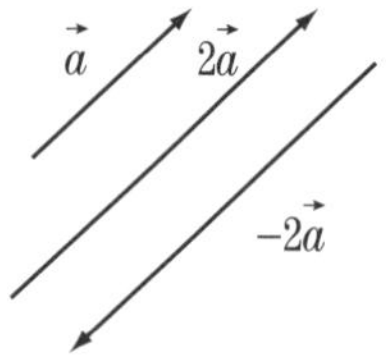

単位ベクトル　大きさが 1 のベクトル。

28　ベクトルの平行と分解

ベクトルの平行　$\vec{a}$ と $\vec{b}$ の向きが同じか逆のとき　$\vec{a}\parallel\vec{b}$
このとき　$\vec{b}=k\vec{a}$　（k は実数）

ベクトルの分解　平面上で，$\vec{0}$ でない 2 つのベクトル $\vec{a}$，$\vec{b}$ が平行でないとき，任意のベクトル $\vec{p}$ は $\vec{p}=m\vec{a}+n\vec{b}$（$m$，$n$ は実数）と表せる。
このとき，$\vec{p}=m\vec{a}+n\vec{b}=M\vec{a}+N\vec{b}$ と表せたとすると，必ず $m=M$，$n=N$ となる。これを $\vec{p}=m\vec{a}+n\vec{b}$ の**表現の一意性**という。

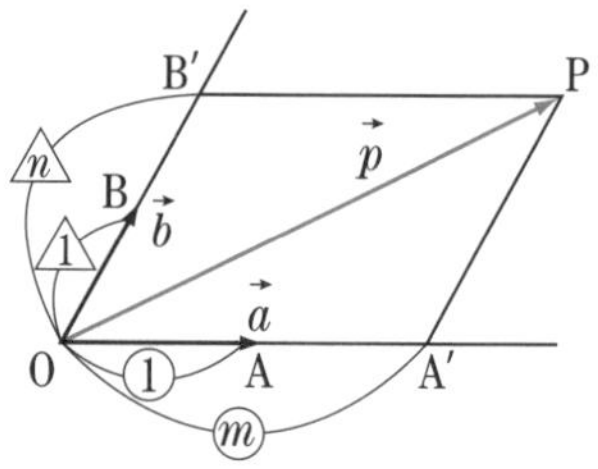

29　ベクトルの成分表示

基本ベクトル　$\vec{e_1}=\overrightarrow{\mathrm{OE_1}}=(1,\ 0)$，$\vec{e_2}=\overrightarrow{\mathrm{OE_2}}=(0,\ 1)$

ベクトルの成分　$\vec{a}=(a_1,\ a_2)$　　$\vec{a}=a_1\vec{e_1}+a_2\vec{e_2}$…$\vec{a}$ の基本ベクトル表示
（$\vec{a}$ の成分表示，a_1：x 成分，a_2：y 成分）

成分表示の性質のまとめ　$\vec{a}=(a_1,\ a_2)$，$\vec{b}=(b_1,\ b_2)$ のとき

① $|\vec{a}|=\sqrt{a_1{}^2+a_2{}^2}$
② $\vec{a}=\vec{b} \Longleftrightarrow a_1=b_1$ かつ $a_2=b_2$
③ $\vec{a}+\vec{b}=(a_1+b_1,\ a_2+b_2)$　　$\vec{a}-\vec{b}=(a_1-b_1,\ a_2-b_2)$
④ $k\vec{a}=k(a_1,\ a_2)=(ka_1,\ ka_2)$

座標と成分表示　$\overrightarrow{\mathrm{OA}}=\vec{a}=(a_1,\ a_2)$，$\overrightarrow{\mathrm{OB}}=\vec{b}=(b_1,\ b_2)$ のとき
$\overrightarrow{\mathrm{AB}}=\vec{b}-\vec{a}=(b_1-a_1,\ b_2-a_2)$　　$|\overrightarrow{\mathrm{AB}}|=|\vec{b}-\vec{a}|=\sqrt{(b_1-a_1)^2+(b_2-a_2)^2}$

1 **ベクトル** 26 ベクトルの定義

右の図のベクトルについて，次のものをすべて答えよ。

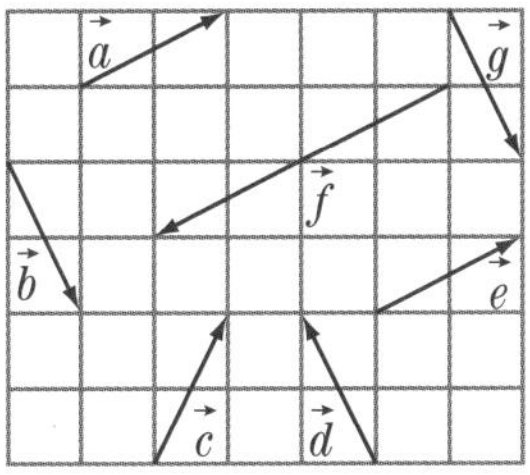

(1) $\vec{a}$ と平行なベクトル

$\vec{e}$，$\vec{f}$ …答

(2) $\vec{a}$ と大きさが同じであるベクトル

$\vec{b}$，$\vec{c}$，$\vec{d}$，$\vec{e}$，$\vec{g}$ …答

(3) 等しいベクトルの組

$\vec{a}=\vec{e}$，$\vec{b}=\vec{g}$ …答

2 **ベクトルの加法・減法・実数倍①** 27 ベクトルの計算

次の問いに答えよ。

(1) $5\vec{a}-3\vec{b}-3(\vec{a}-2\vec{b})$ を簡単にせよ。

$5\vec{a}-3\vec{b}-3(\vec{a}-2\vec{b})=5\vec{a}-3\vec{b}-3\vec{a}+6\vec{b}$

$=2\vec{a}+3\vec{b}$ …答

(2) $3(\vec{x}+\vec{a})=5\vec{x}-2\vec{b}$ のとき，$\vec{x}$ を $\vec{a}$，$\vec{b}$ で表せ。

$3\vec{x}+3\vec{a}=5\vec{x}-2\vec{b}$

$-2\vec{x}=-3\vec{a}-2\vec{b}$ より　$\vec{x}=\dfrac{3\vec{a}+2\vec{b}}{2}$ …答

3 **中点連結定理** 28 ベクトルの平行と分解

△ABC の辺 AB，AC の中点をそれぞれ M，N とするとき，MN∥BC，$\mathrm{MN}=\dfrac{1}{2}\mathrm{BC}$ であることを示せ。

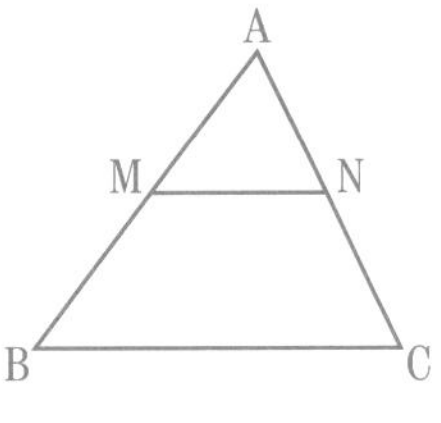

[証明]　M，N は AB，AC の中点だから

$\overrightarrow{\mathrm{MN}}=\overrightarrow{\mathrm{AN}}-\overrightarrow{\mathrm{AM}}=\dfrac{1}{2}\overrightarrow{\mathrm{AC}}-\dfrac{1}{2}\overrightarrow{\mathrm{AB}}$

$=\dfrac{1}{2}(\overrightarrow{\mathrm{AC}}-\overrightarrow{\mathrm{AB}})=\dfrac{1}{2}\overrightarrow{\mathrm{BC}}$

よって　MN∥BC，$\mathrm{MN}=\dfrac{1}{2}\mathrm{BC}$　[証明終わり]

4 **成分の計算** 29 ベクトルの成分表示

$\vec{a}=(2,\ 1)$，$\vec{b}=(-1,\ 2)$ のとき，$\vec{c}=(7,\ -4)$ を $m\vec{a}+n\vec{b}$ の形で表せ。

$\vec{c}=m\vec{a}+n\vec{b}$ を成分で表すと

$(7,\ -4)=m(2,\ 1)+n(-1,\ 2)=(2m-n,\ m+2n)$

ゆえに　$2m-n=7$ …①　　$m+2n=-4$ …②

①，②を解いて　$m=2$，$n=-3$

したがって　$\vec{c}=2\vec{a}-3\vec{b}$ …答

ガイド

ヒラメキ
ベクトルの定義
→ベクトルは向きと大きさをもつ量。

なにをする？
次の点に注意する。
(1) 平行→矢印の向きが同じか逆
(2) 大きさが同じ→矢印の長さが同じ
(3) 等しい→矢印の向きも長さも同じ

ヒラメキ
ベクトルの和，差，実数倍
→$\vec{a}$，$\vec{b}$ を文字と考えれば文字式の計算と同じ。

なにをする？
(1) $\vec{a}$ と $\vec{b}$ を文字と同じように扱う。
(2) $\vec{x}$ の方程式と同じように考える。

ヒラメキ
MN∥BC，$\mathrm{MN}=\dfrac{1}{2}\mathrm{BC}$
→$\overrightarrow{\mathrm{MN}}=\dfrac{1}{2}\overrightarrow{\mathrm{BC}}$ を示す。

なにをする？
$\overrightarrow{\mathrm{BC}}=\overrightarrow{■\mathrm{C}}-\overrightarrow{■\mathrm{B}}$
同じ文字にすればよい。

ヒラメキ
ベクトルの成分
→(x 成分，y 成分)

なにをする？
$\vec{c}=m\vec{a}+n\vec{b}$ と表したとき，m，n は1通りなので，成分の比較をする。

ガイドなしでやってみよう！

5 平行四辺形とベクトル①

右の図のように平行四辺形ABCDの対角線の交点をOとするとき，次のものをすべて答えよ。

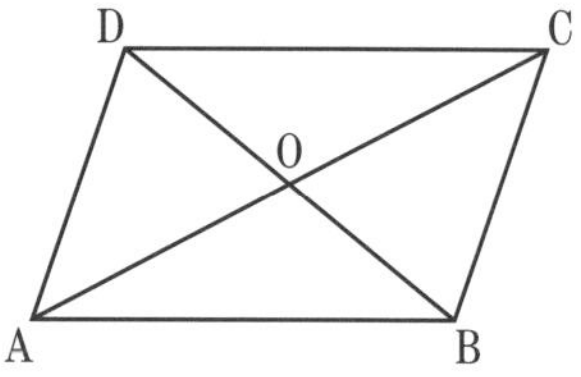

(1) $\overrightarrow{AB}$ と等しいベクトル

$\overrightarrow{\mathbf{DC}}$ …答

(2) $\overrightarrow{OB}$ と等しいベクトル

$\overrightarrow{\mathbf{DO}}$ …答

(3) $\overrightarrow{OA}$ の逆ベクトル

$\overrightarrow{\mathbf{AO}}$，$\overrightarrow{\mathbf{OC}}$ …答

6 平行四辺形とベクトル②

右の図で $\overrightarrow{AB}=\vec{a}$，$\overrightarrow{AD}=\vec{b}$ とおくとき，次のベクトルを $\vec{a}$，$\vec{b}$ を使って表せ。

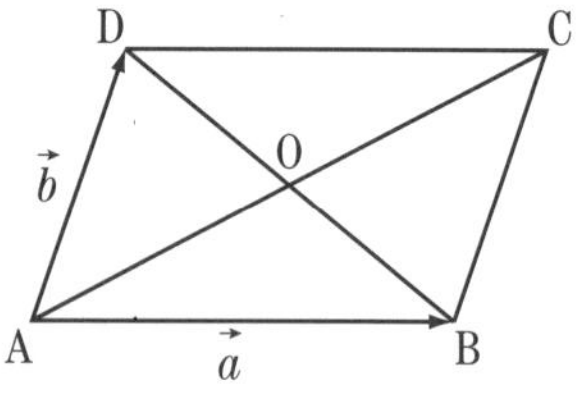

(1) $\overrightarrow{AC}=\vec{\boldsymbol{a}}+\vec{\boldsymbol{b}}$ …答

(2) $\overrightarrow{BD}=\overrightarrow{AD}-\overrightarrow{AB}=\vec{\boldsymbol{b}}-\vec{\boldsymbol{a}}$ …答

(3) $\overrightarrow{OA}=\frac{1}{2}\overrightarrow{CA}=-\frac{1}{2}\overrightarrow{AC}=-\frac{\mathbf{1}}{\mathbf{2}}(\vec{\boldsymbol{a}}+\vec{\boldsymbol{b}})$ …答

(4) $\overrightarrow{OD}=\frac{1}{2}\overrightarrow{BD}=\frac{\mathbf{1}}{\mathbf{2}}(\vec{\boldsymbol{b}}-\vec{\boldsymbol{a}})$ …答

7 ベクトルの加法・減法・実数倍②

$\vec{p}=3\vec{a}-2\vec{b}$，$\vec{q}=2\vec{a}+\vec{b}$ とするとき，次のベクトルを $\vec{a}$，$\vec{b}$ で表せ。

(1) $2\vec{p}+3\vec{q}$

$=2(3\vec{a}-2\vec{b})+3(2\vec{a}+\vec{b})=6\vec{a}-4\vec{b}+6\vec{a}+3\vec{b}=\mathbf{12}\vec{\boldsymbol{a}}-\vec{\boldsymbol{b}}$ …答

(2) $2(\vec{x}-\vec{p})=\vec{p}+2\vec{q}-\vec{x}$ を満たす $\vec{x}$

$2\vec{x}-2\vec{p}=\vec{p}+2\vec{q}-\vec{x}$

$3\vec{x}=3\vec{p}+2\vec{q}$ より，$\vec{x}=\frac{3\vec{p}+2\vec{q}}{3}$ だから

$\vec{\boldsymbol{x}}=\frac{3(3\vec{a}-2\vec{b})+2(2\vec{a}+\vec{b})}{3}=\frac{\mathbf{13}\vec{\boldsymbol{a}}-\mathbf{4}\vec{\boldsymbol{b}}}{\mathbf{3}}$ …答

(3) $\begin{cases}\vec{x}+\vec{y}=\vec{p} & \cdots① \\ \vec{x}-\vec{y}=\vec{q} & \cdots②\end{cases}$ を満たす $\vec{x}$，$\vec{y}$

①，②を解いて　$\vec{x}=\frac{\vec{p}+\vec{q}}{2}$，$\vec{y}=\frac{\vec{p}-\vec{q}}{2}$ より

$\vec{\boldsymbol{x}}=\frac{(3\vec{a}-2\vec{b})+(2\vec{a}+\vec{b})}{2}=\frac{\mathbf{5}\vec{\boldsymbol{a}}-\vec{\boldsymbol{b}}}{\mathbf{2}}$ …答

$\vec{\boldsymbol{y}}=\frac{(3\vec{a}-2\vec{b})-(2\vec{a}+\vec{b})}{2}=\frac{\vec{\boldsymbol{a}}-\mathbf{3}\vec{\boldsymbol{b}}}{\mathbf{2}}$ …答

8 正六角形とベクトル

点Oを中心とする正六角形ABCDEFにおいて，$\overrightarrow{OA}=\vec{a}$，$\overrightarrow{OB}=\vec{b}$ とおくとき，次のベクトルを $\vec{a}$，$\vec{b}$ で表せ。

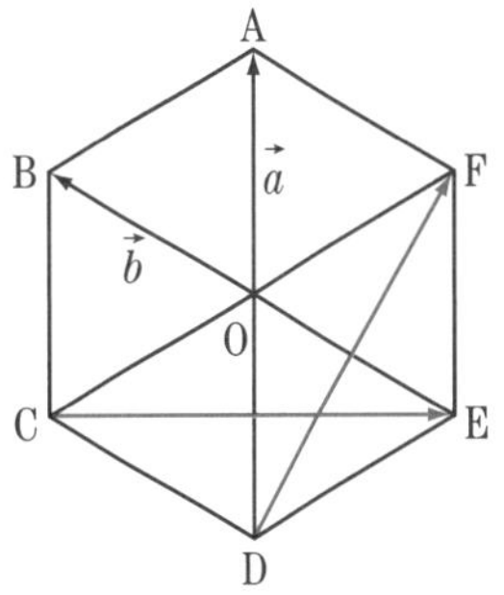

(1) $\overrightarrow{AB}=\overrightarrow{OB}-\overrightarrow{OA}=\boldsymbol{\vec{b}-\vec{a}}$ …答

終点－始点と覚えよう。

(2) $\overrightarrow{CF}=2\overrightarrow{OF}=2\overrightarrow{BA}=\boldsymbol{2(\vec{a}-\vec{b})}$ …答

(3) $\overrightarrow{CE}=\overrightarrow{OE}-\overrightarrow{OC}=-\overrightarrow{OB}-\overrightarrow{AB}=-\vec{b}-(\vec{b}-\vec{a})=\boldsymbol{\vec{a}-2\vec{b}}$ …答

終点　同じ文字　始点

(4) $\overrightarrow{DF}=\overrightarrow{OF}-\overrightarrow{OD}=\overrightarrow{BA}-\overrightarrow{AO}=(\vec{a}-\vec{b})-(-\vec{a})=\boldsymbol{2\vec{a}-\vec{b}}$ …答

9 単位ベクトル①

$\vec{a}=(4,\ -3)$ のとき，次のベクトルを求めよ。

(1) 同じ向きの単位ベクトル $\vec{e}$

$|\vec{a}|=\sqrt{4^2+(-3)^2}=5$

したがって　$\vec{e}=\dfrac{1}{|\vec{a}|}\vec{a}=\dfrac{1}{5}(4,\ -3)=\boldsymbol{\left(\dfrac{4}{5},\ -\dfrac{3}{5}\right)}$ …答

(2) $\vec{a}$ と逆向きで，大きさ3のベクトル

$-3\vec{e}=\boldsymbol{\left(-\dfrac{12}{5},\ \dfrac{9}{5}\right)}$ …答

10 成分表示と最小値

$\vec{a}=(-2,\ 4)$，$\vec{b}=(1,\ -1)$ とするとき，次の問いに答えよ。

(1) $2\vec{a}+3\vec{b}$ を成分表示し，その大きさを求めよ。

$2\vec{a}+3\vec{b}=2(-2,\ 4)+3(1,\ -1)=(-4,\ 8)+(3,\ -3)$

$=(-4+3,\ 8-3)=\boldsymbol{(-1,\ 5)}$ …答

$|2\vec{a}+3\vec{b}|=\sqrt{(-1)^2+5^2}=\boldsymbol{\sqrt{26}}$ …答

(2) $\vec{x}=\vec{a}+t\vec{b}$（t：実数）のとき，$|\vec{x}|$ の最小値を求めよ。

$\vec{x}=(-2,\ 4)+t(1,\ -1)=(t-2,\ -t+4)$

$|\vec{x}|^2=(t-2)^2+(-t+4)^2=(t^2-4t+4)+(t^2-8t+16)$

$=2t^2-12t+20=2(t-3)^2+2$

$t=3$ のとき $|\vec{x}|^2$ の最小値は2だから，**$|\vec{x}|$ の最小値は $\sqrt{2}$（$t=3$）** …答

2　内積と位置ベクトル

ポイント

30　ベクトルの内積

ベクトルのなす角　$\vec{a}=\overrightarrow{\mathrm{OA}}$，$\vec{b}=\overrightarrow{\mathrm{OB}}$ とするとき，$\angle\mathrm{AOB}=\theta$ を $\vec{a}$ と $\vec{b}$ のなす角という。$(0^\circ \leqq \theta \leqq 180^\circ)$

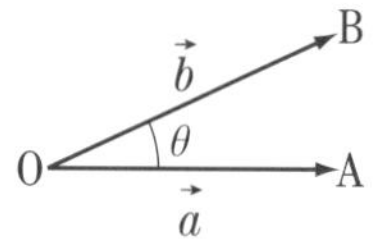

ベクトルの内積　$\vec{a}\cdot\vec{b}=|\vec{a}||\vec{b}|\cos\theta$

内積の符号となす角の関係　（$\vec{a}$ と $\vec{b}$ のなす角を θ とする。）

$0^\circ \leqq \theta < 90^\circ \iff \cos\theta > 0 \iff \vec{a}\cdot\vec{b} > 0$

$\theta = 90^\circ \iff \cos\theta = 0 \iff \vec{a}\cdot\vec{b} = 0$

$90^\circ < \theta \leqq 180^\circ \iff \cos\theta < 0 \iff \vec{a}\cdot\vec{b} < 0$

内積の基本性質

① $\vec{a}\cdot\vec{b}=\vec{b}\cdot\vec{a}$　② $-|\vec{a}||\vec{b}| \leqq \vec{a}\cdot\vec{b} \leqq |\vec{a}||\vec{b}|$　③ $\vec{a}\cdot\vec{a}=|\vec{a}|^2$

31　内積の成分表示

$\vec{a}=(a_1,\ a_2)$，$\vec{b}=(b_1,\ b_2)$ とする。

ベクトルの内積の成分表示　$\vec{a}\cdot\vec{b}=a_1b_1+a_2b_2$

ベクトルの垂直条件・平行条件　（$\vec{a}\neq\vec{0}$，$\vec{b}\neq\vec{0}$ とする。）

① 垂直条件　$\vec{a}\perp\vec{b} \iff \vec{a}\cdot\vec{b}=0 \iff a_1b_1+a_2b_2=0$

② 平行条件　$\vec{a}\,/\!/\,\vec{b} \iff \vec{a}\cdot\vec{b}=\pm|\vec{a}||\vec{b}| \iff a_1b_2-a_2b_1=0$

ベクトルのなす角の余弦

$\vec{a}$ と $\vec{b}$ のなす角を θ とすると　$\cos\theta=\dfrac{\vec{a}\cdot\vec{b}}{|\vec{a}||\vec{b}|}=\dfrac{a_1b_1+a_2b_2}{\sqrt{a_1^2+a_2^2}\sqrt{b_1^2+b_2^2}}$

内積の計算

① $\vec{a}\cdot\vec{b}=\vec{b}\cdot\vec{a}$　② $k(\vec{a}\cdot\vec{b})=(k\vec{a})\cdot\vec{b}=\vec{a}\cdot(k\vec{b})$（ただし，$k$ は実数。）

③ $\vec{a}\cdot(\vec{b}+\vec{c})=\vec{a}\cdot\vec{b}+\vec{a}\cdot\vec{c}$，$(\vec{a}+\vec{b})\cdot\vec{c}=\vec{a}\cdot\vec{c}+\vec{b}\cdot\vec{c}$

④ $|\vec{a}+\vec{b}|^2=|\vec{a}|^2+2\vec{a}\cdot\vec{b}+|\vec{b}|^2$　$|\vec{a}-\vec{b}|^2=|\vec{a}|^2-2\vec{a}\cdot\vec{b}+|\vec{b}|^2$

⑤ $(\vec{a}+\vec{b})\cdot(\vec{a}-\vec{b})=|\vec{a}|^2-|\vec{b}|^2$

32　位置ベクトル

位置ベクトル　平面上で基準とする点 O を固定すると，平面上の任意の点 P の位置は，$\overrightarrow{\mathrm{OP}}=\vec{p}$ によって定まる。この $\vec{p}$ を点 P の位置ベクトルといい，$\mathrm{P}(\vec{p})$ と表す。

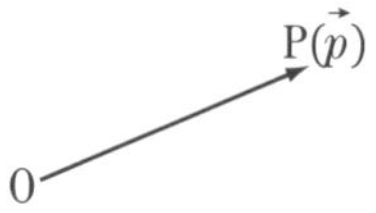

位置ベクトルと座標　座標平面上の原点 O を基準とする点 P の位置ベクトル $\vec{p}$ の成分は，点 P の座標と一致する。

位置ベクトルの性質　3 点 $\mathrm{A}(\vec{a})$，$\mathrm{B}(\vec{b})$，$\mathrm{C}(\vec{c})$ に対して

① $\overrightarrow{\mathrm{AB}}=\vec{b}-\vec{a}$

② 線分 AB を $m:n$ に内分する点を $\mathrm{P}(\vec{p})$ とすると　$\vec{p}=\dfrac{n\vec{a}+m\vec{b}}{m+n}$

とくに点 P が線分 AB の中点のとき　$\vec{p}=\dfrac{\vec{a}+\vec{b}}{2}$

③ 線分 AB を $m:n$ に外分する点を $\mathrm{Q}(\vec{q})$ とすると　$\vec{q}=\dfrac{-n\vec{a}+m\vec{b}}{m-n}$　$(m\neq n)$

④ $\triangle\mathrm{ABC}$ の重心を $\mathrm{G}(\vec{g})$ とすると　$\vec{g}=\dfrac{\vec{a}+\vec{b}+\vec{c}}{3}$

11 図形と内積の計算① **30** ベクトルの内積

OA＝AB＝OD＝1，OC＝2 である2つの直角三角形で，3点D，O，A が一直線上にあるとき，次の内積を求めよ。

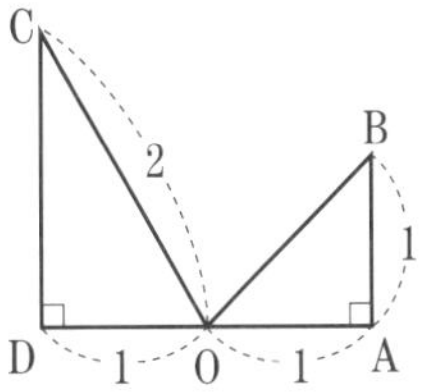

(1) $\overrightarrow{OA}\cdot\overrightarrow{OB}$

$=|\overrightarrow{OA}||\overrightarrow{OB}|\cos 45^\circ$

$=1\cdot\sqrt{2}\cdot\dfrac{\sqrt{2}}{2}=\mathbf{1}$ …答

(2) $\overrightarrow{OA}\cdot\overrightarrow{OC}$

$=|\overrightarrow{OA}||\overrightarrow{OC}|\cos 120^\circ=1\cdot 2\cdot\left(-\dfrac{1}{2}\right)=\mathbf{-1}$ …答

(3) $\overrightarrow{OA}\cdot\overrightarrow{OD}$

$=|\overrightarrow{OA}||\overrightarrow{OD}|\cos 180^\circ=1\cdot 1\cdot(-1)=\mathbf{-1}$ …答

(4) $\overrightarrow{OA}\cdot\overrightarrow{AB}=|\overrightarrow{OA}||\overrightarrow{AB}|\cos 90^\circ=1\cdot 1\cdot 0=\mathbf{0}$ …答

12 成分と内積の計算① **31** 内積の成分表示

$\vec{a}=(3,\ 2)$，$\vec{b}=(6,\ p)$ とするとき，次の条件に適するように p の値を定めよ。

(1) $\vec{a}$ と $\vec{b}$ は垂直

$\vec{a}\perp\vec{b}$ より　$\vec{a}\cdot\vec{b}=0$

$\vec{a}\cdot\vec{b}=3\cdot 6+2p=0$ だから　$\boldsymbol{p=-9}$ …答

(2) $\vec{a}$ と $\vec{b}$ は平行

$\vec{a}\parallel\vec{b}$ より，$\vec{b}=k\vec{a}$（k は実数）と表せるから，

$(6,\ p)=k(3,\ 2)$ の成分を比較して

$\begin{cases}6=3k & \cdots① \\ p=2k & \cdots②\end{cases}$　①より　$k=2$　②より　$\boldsymbol{p=4}$ …答

(3) $\vec{a}\cdot(2\vec{a}+\vec{b})=0$

$2\vec{a}+\vec{b}=2(3,\ 2)+(6,\ p)=(12,\ 4+p)$

$\vec{a}\cdot(2\vec{a}+\vec{b})=3\cdot 12+2(4+p)=0$ だから，

$18+4+p=0$ より　$\boldsymbol{p=-22}$ …答

13 内分点・外分点① **32** 位置ベクトル

2点 A($\vec{a}$)，B($\vec{b}$) に対して，線分 AB を 1：2 に内分する点 P($\vec{p}$)，外分する点 Q($\vec{q}$) の位置ベクトルを $\vec{a}$，$\vec{b}$ で表せ。

$\vec{p}=\dfrac{2\vec{a}+\vec{b}}{1+2}=\boldsymbol{\dfrac{2\vec{a}+\vec{b}}{3}}$ …答

$\vec{q}=\dfrac{-2\vec{a}+\vec{b}}{1-2}=\boldsymbol{2\vec{a}-\vec{b}}$ …答

ガイド

ヒラメキ

内積

→$\vec{a}\cdot\vec{b}=|\vec{a}||\vec{b}|\cos\theta$

・△OAB は直角二等辺三角形。

・△OCD は 30°，60° の直角三角形。

なにをする？

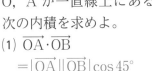

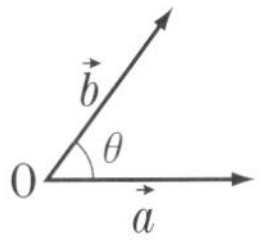

$|\vec{a}|$，$|\vec{b}|$，$\cos\theta$ を求め，計算すればよい。

ヒラメキ

成分による内積

$\vec{a}=(a_1,\ a_2)$，$\vec{b}=(b_1,\ b_2)$

→$\vec{a}\cdot\vec{b}=a_1b_1+a_2b_2$

なにをする？

(1) $\vec{a}\perp\vec{b}$ のとき
$\vec{a}\cdot\vec{b}=0$

(2) $\vec{a}\parallel\vec{b}$ のとき，
$\vec{b}=k\vec{a}$（k は実数）と表せる。

(3) $2\vec{a}+\vec{b}$ を成分表示して内積の計算をする。

ヒラメキ

線分 AB を $m：n$ に分ける点の位置ベクトル

→$\dfrac{n\vec{a}+m\vec{b}}{m+n}$

なにをする？

内分→$m>0$，$n>0$

外分→$mn<0$

ガイドなしでやってみよう！

14 **図形と内積の計算②**

右の図のように，OA$=\sqrt{3}$，AB$=1$，OB$=2$ の直角三角形 OAB について，次の内積を求めよ。

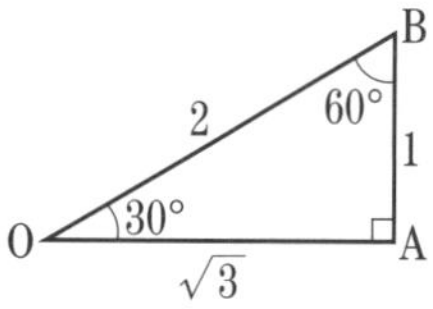

(1) $\overrightarrow{OA}\cdot\overrightarrow{OB}$

$\angle AOB=30°$ だから　$\overrightarrow{OA}\cdot\overrightarrow{OB}=\sqrt{3}\cdot 2\cdot\cos 30°=\sqrt{3}\cdot 2\cdot\dfrac{\sqrt{3}}{2}=\mathbf{3}$ …答

(2) $\overrightarrow{OA}\cdot\overrightarrow{AB}$

始点が同じ点になるように平行移動して，なす角を求める。

$\overrightarrow{OA}$ と $\overrightarrow{AB}$ のなす角は 90°　$\overrightarrow{OA}\cdot\overrightarrow{AB}=\sqrt{3}\cdot 1\cdot\cos 90°=\sqrt{3}\cdot 1\cdot 0=\mathbf{0}$ …答

(3) $\overrightarrow{AB}\cdot\overrightarrow{BO}$

$\overrightarrow{AB}$ と $\overrightarrow{BO}$ のなす角は 120°　$\overrightarrow{AB}\cdot\overrightarrow{BO}=1\cdot 2\cdot\cos 120°=1\cdot 2\cdot\left(-\dfrac{1}{2}\right)=\mathbf{-1}$ …答

(4) $\overrightarrow{AO}\cdot\overrightarrow{OB}$

$\overrightarrow{AO}$ と $\overrightarrow{OB}$ のなす角は 150°　$\overrightarrow{AO}\cdot\overrightarrow{OB}=\sqrt{3}\cdot 2\cdot\cos 150°=\sqrt{3}\cdot 2\cdot\left(-\dfrac{\sqrt{3}}{2}\right)=\mathbf{-3}$ …答

15 **成分と内積の計算②**

$\vec{a}=(-1,\ 2)$，$\vec{b}=(2,\ 3)$ のとき，次の内積を求めよ。

(1) $\vec{a}\cdot\vec{b}$

$=(-1)\cdot 2+2\cdot 3=\mathbf{4}$ …答

(2) $(\vec{a}+\vec{b})\cdot(\vec{a}-2\vec{b})$

$\vec{a}+\vec{b}=(-1,\ 2)+(2,\ 3)=(1,\ 5)$　$\vec{a}-2\vec{b}=(-1,\ 2)-2(2,\ 3)=(-5,\ -4)$

よって　$(\vec{a}+\vec{b})\cdot(\vec{a}-2\vec{b})=1\cdot(-5)+5\cdot(-4)=\mathbf{-25}$ …答

16 **内積の計算①**

次の式を計算せよ。

(1) $(\vec{a}-3\vec{b})\cdot(\vec{a}+2\vec{c})$

$=\vec{a}\cdot\vec{a}+2\vec{a}\cdot\vec{c}-3\vec{b}\cdot\vec{a}-6\vec{b}\cdot\vec{c}$　（$\vec{b}\cdot\vec{a}=\vec{a}\cdot\vec{b}$）

$=|\vec{a}|^2-3\vec{a}\cdot\vec{b}+2\vec{a}\cdot\vec{c}-6\vec{b}\cdot\vec{c}$ …答　（$\vec{a}\cdot\vec{a}=|\vec{a}|^2$）

(2) $|3\vec{a}-2\vec{b}|^2$

$=(3\vec{a}-2\vec{b})\cdot(3\vec{a}-2\vec{b})$

$=9\vec{a}\cdot\vec{a}-6\vec{a}\cdot\vec{b}-6\vec{b}\cdot\vec{a}+4\vec{b}\cdot\vec{b}$

$=9|\vec{a}|^2-12\vec{a}\cdot\vec{b}+4|\vec{b}|^2$ …答

17 **単位ベクトル②**

$\vec{a}=(4,\ 3)$ に垂直な単位ベクトルを求めよ。

求める単位ベクトルを $\vec{e}=(x,\ y)$ とおく。

$\vec{a}\perp\vec{e}$ より　$\vec{a}\cdot\vec{e}=4x+3y=0$ …①　$|\vec{e}|=1$ より　$|\vec{e}|^2=x^2+y^2=1$ …②

①，②を解いて　$(x,\ y)=\left(\dfrac{3}{5},\ -\dfrac{4}{5}\right)$，$\left(-\dfrac{3}{5},\ \dfrac{4}{5}\right)$

よって　$\vec{e}=\left(\dfrac{3}{5},\ -\dfrac{4}{5}\right)$，$\left(-\dfrac{3}{5},\ \dfrac{4}{5}\right)$ …答

18 なす角

次のベクトル$\vec{a}$, $\vec{b}$のなす角θを求めよ。

(1) $\vec{a}=(1,\ 2)$, $\vec{b}=(1,\ -3)$

$\vec{a}\cdot\vec{b}=1\cdot1+2\cdot(-3)=-5$

$|\vec{a}|=\sqrt{1^2+2^2}=\sqrt{5}$

$|\vec{b}|=\sqrt{1^2+(-3)^2}=\sqrt{10}$

$$\cos\theta=\frac{\vec{a}\cdot\vec{b}}{|\vec{a}||\vec{b}|}=\frac{-5}{\sqrt{5}\cdot\sqrt{10}}=-\frac{1}{\sqrt{2}}$$

$0^\circ\leqq\theta\leqq180^\circ$ だから　$\boldsymbol{\theta=135^\circ}$ …答

(2) $\vec{a}=(-1,\ 2)$, $\vec{b}=(4,\ 2)$

$\vec{a}\cdot\vec{b}=(-1)\cdot4+2\cdot2=0$

よって　$\boldsymbol{\theta=90^\circ}$ …答

19 内積の計算②

$|\vec{a}|=3$, $|\vec{b}|=4$, $|\vec{a}+\vec{b}|=\sqrt{13}$ のとき，次の値を求めよ。

(1) $\vec{a}\cdot\vec{b}$

$|\vec{a}+\vec{b}|^2=(\vec{a}+\vec{b})\cdot(\vec{a}+\vec{b})=\vec{a}\cdot\vec{a}+\vec{a}\cdot\vec{b}+\vec{b}\cdot\vec{a}+\vec{b}\cdot\vec{b}=|\vec{a}|^2+2\vec{a}\cdot\vec{b}+|\vec{b}|^2$

よって　$(\sqrt{13})^2=3^2+2\vec{a}\cdot\vec{b}+4^2$

$2\vec{a}\cdot\vec{b}=13-25$ より　$\boldsymbol{\vec{a}\cdot\vec{b}=-6}$ …答

(2) $|\vec{a}+2\vec{b}|$

$|\vec{a}+2\vec{b}|^2=(\vec{a}+2\vec{b})\cdot(\vec{a}+2\vec{b})=\vec{a}\cdot\vec{a}+2\vec{a}\cdot\vec{b}+2\vec{b}\cdot\vec{a}+4\vec{b}\cdot\vec{b}$

$=|\vec{a}|^2+4\vec{a}\cdot\vec{b}+4|\vec{b}|^2=3^2+4\cdot(-6)+4\cdot4^2=49$

大きさの計算は平方する。

よって　$\boldsymbol{|\vec{a}+2\vec{b}|=7}$ …答

(3) $\vec{a}$と$\vec{b}$のなす角θ

$$\cos\theta=\frac{\vec{a}\cdot\vec{b}}{|\vec{a}||\vec{b}|}=\frac{-6}{3\cdot4}=-\frac{1}{2}$$ で，$0^\circ\leqq\theta\leqq180^\circ$ だから　$\boldsymbol{\theta=120^\circ}$ …答

20 重心と位置ベクトル

△ABCの辺BC, CA, ABを1：2に内分する点をそれぞれD, E, Fとするとき，△ABCの重心Gと△DEFの重心G′は一致することを証明せよ。

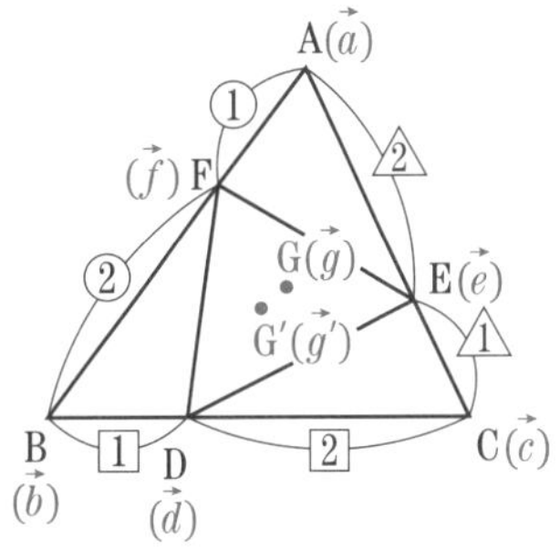

[証明]　点A, B, C, D, E, F, G, G′の位置ベクトルをそれぞれ$\vec{a}$, $\vec{b}$, $\vec{c}$, $\vec{d}$, $\vec{e}$, $\vec{f}$, $\vec{g}$, $\vec{g'}$とする。

点Dは辺BCを1：2に内分するから　$\vec{d}=\dfrac{2\vec{b}+\vec{c}}{3}$

同様にして　$\vec{e}=\dfrac{2\vec{c}+\vec{a}}{3}$, $\vec{f}=\dfrac{2\vec{a}+\vec{b}}{3}$

△ABC, △DEFの重心はそれぞれG, G′だから

$$\vec{g}=\frac{\vec{a}+\vec{b}+\vec{c}}{3},\quad \vec{g'}=\frac{\vec{d}+\vec{e}+\vec{f}}{3}=\frac{1}{3}\left(\frac{2\vec{b}+\vec{c}}{3}+\frac{2\vec{c}+\vec{a}}{3}+\frac{2\vec{a}+\vec{b}}{3}\right)=\frac{\vec{a}+\vec{b}+\vec{c}}{3}$$

よって　$\vec{g}=\vec{g'}$　　したがって，GとG′は一致する。　[証明終わり]

3 図形への応用・ベクトル方程式

ポイント

33 位置ベクトルと共線条件

一直線上にある3点

異なる2点 $\mathrm{A}(\vec{a})$, $\mathrm{B}(\vec{b})$ がある。このとき点 $\mathrm{C}(\vec{c})$ が直線 AB 上にある条件(共線条件)には，次のようなものがある。

① $\overrightarrow{\mathrm{AC}}=\boldsymbol{k}\overrightarrow{\mathrm{AB}}$ (k は実数)

② $\vec{c}=(1-t)\vec{a}+t\vec{b}$ (t は実数)

③ $\vec{c}=s\vec{a}+t\vec{b}$ (s は実数, $s+t=1$)

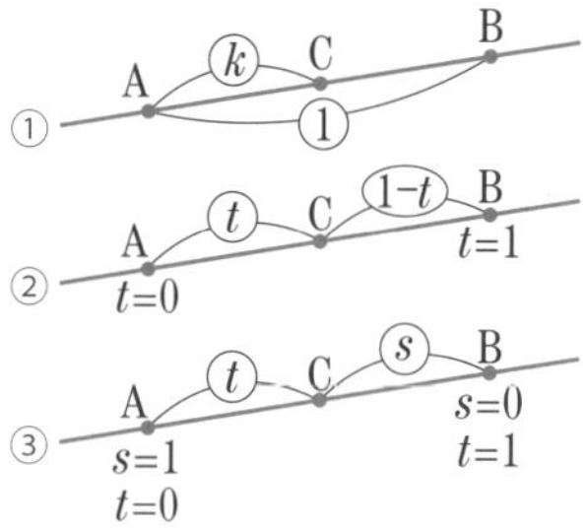

点 C が線分 AB 上にある条件

上の①～③の k, t, (s, t) に，次のように条件を加えればよい。

① $\overrightarrow{\mathrm{AC}}=k\overrightarrow{\mathrm{AB}}$　k は実数かつ $0\leqq k\leqq 1$

② $\vec{c}=(1-t)\vec{a}+t\vec{b}$　t は実数かつ $0\leqq t\leqq 1$

③ $\vec{c}=s\vec{a}+t\vec{b}$　$s+t=1$ かつ $0\leqq s\leqq 1$ かつ $0\leqq t\leqq 1$

34 内積の図形への応用

三角形の面積

① $S=\dfrac{1}{2}|\vec{a}||\vec{b}|\sin\theta$ (θ : $\vec{a}$ と $\vec{b}$ のなす角)

② $S=\dfrac{1}{2}\sqrt{|\vec{a}|^2|\vec{b}|^2-(\vec{a}\cdot\vec{b})^2}$

③ $S=\dfrac{1}{2}|x_1y_2-x_2y_1|$

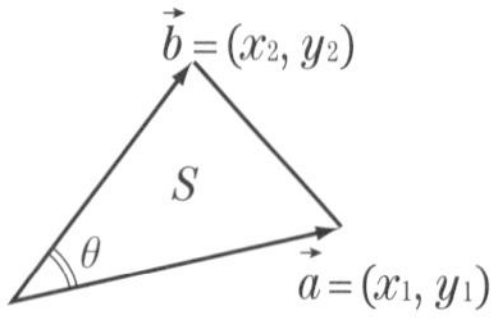

中線定理

△ABC の辺 BC の中点を M とするとき

$\mathrm{AB}^2+\mathrm{AC}^2=2(\mathrm{AM}^2+\mathrm{BM}^2)$

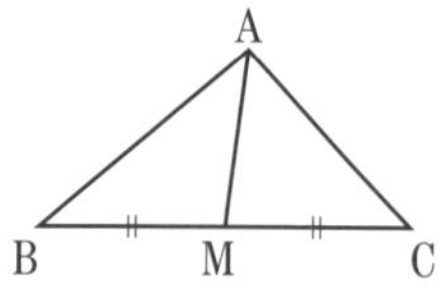

35 直線のベクトル方程式

ベクトル $\vec{u}$ に平行な直線

平面上の定点 $\mathrm{A}(\vec{a})$ を通り，ベクトル $\vec{u}$ に平行な直線 ℓ 上の点 $\mathrm{P}(\vec{p})$ は

$\vec{p}=\vec{a}+t\vec{u}$ (t は実数)　…①

と表される。これを直線 ℓ のベクトル方程式といい，$\vec{u}$ を直線 ℓ の方向ベクトル，実数 t を媒介変数(パラメータ)という。

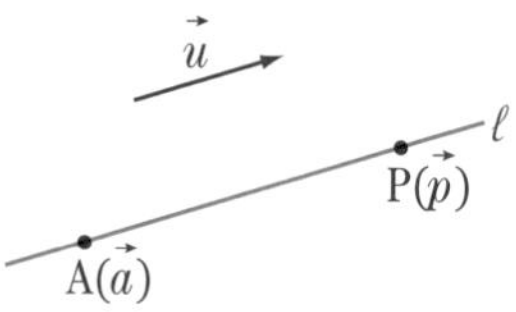

2点 $\mathrm{A}(\vec{a})$, $\mathrm{B}(\vec{b})$ を通る直線

①より　$\vec{p}=\vec{a}+t\overrightarrow{\mathrm{AB}}=\vec{a}+t(\vec{b}-\vec{a})=(1-t)\vec{a}+t\vec{b}$

また，$s=1-t$ とおくと，$\vec{p}=s\vec{a}+t\vec{b}$ ($s+t=1$) とも表せる。

ベクトル $\vec{n}$ に垂直な直線

平面上の定点 $\mathrm{A}(\vec{a})$ を通り，ベクトル $\vec{n}$ に垂直な直線 m のベクトル方程式は

$(\vec{p}-\vec{a})\cdot\vec{n}=0$

$\vec{n}$ を直線 m の法線ベクトルという。

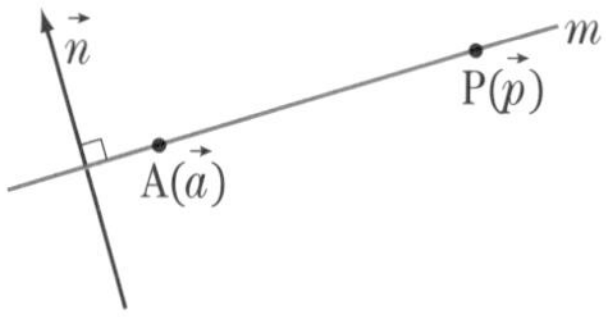

36 円のベクトル方程式

円のベクトル方程式

定点 C($\vec{c}$) を中心とし，半径が r の円周上の点を P($\vec{p}$) とする。

① $|\overrightarrow{\mathrm{CP}}|=r \iff |\vec{p}-\vec{c}|=r$

② $(\vec{p}-\vec{c})\cdot(\vec{p}-\vec{c})=r^2$

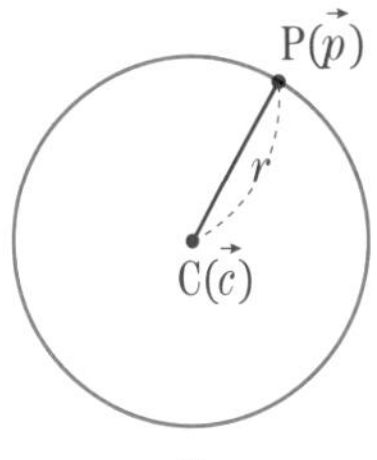

2定点を直径の両端とする円のベクトル方程式

2定点 A($\vec{a}$)，B($\vec{b}$) を直径の両端とする円周上の点を P($\vec{p}$) とする。

$\overrightarrow{\mathrm{AP}}\perp\overrightarrow{\mathrm{BP}} \iff \overrightarrow{\mathrm{AP}}\cdot\overrightarrow{\mathrm{BP}}=0$

$\iff (\vec{p}-\vec{a})\cdot(\vec{p}-\vec{b})=0$

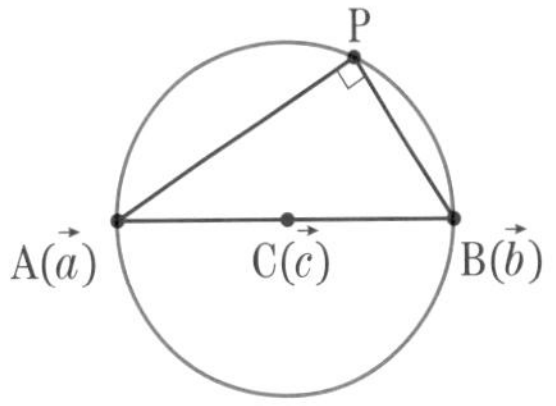

21 一直線上にある条件　33 位置ベクトルと共線条件

3点 A($\vec{a}$)，B($\vec{b}$)，C($\vec{c}$) において $\vec{c}=4\vec{a}-3\vec{b}$ のとき，3点 A，B，C が一直線上にあることを示せ。

[証明]　$\overrightarrow{\mathrm{AB}}=\vec{b}-\vec{a}$

$\overrightarrow{\mathrm{AC}}=\vec{c}-\vec{a}=4\vec{a}-3\vec{b}-\vec{a}=-3(\vec{b}-\vec{a})=-3\overrightarrow{\mathrm{AB}}$

したがって，3点 A，B，C は一直線上にある。

[証明終わり]

22 三角形の面積①　34 内積の図形への応用

3点 A(1, 2), B(6, 5), C(5, 8) を頂点とする △ABC の面積を求めよ。

$\overrightarrow{\mathrm{AB}}=(5,\ 3)$，$\overrightarrow{\mathrm{AC}}=(4,\ 6)$ だから

$\triangle\mathrm{ABC}=\dfrac{1}{2}|5\cdot6-4\cdot3|=\mathbf{9}$ …答

23 媒介変数表示　35 直線のベクトル方程式

点 A(2, 3) を通り $\vec{u}=(2,\ 1)$ に平行な直線を，媒介変数 t を用いて表せ。

求める直線上の点を P(x, y) とする。

$\overrightarrow{\mathrm{OP}}=\overrightarrow{\mathrm{OA}}+t\vec{u}$ より

$(x,\ y)=(2,\ 3)+t(2,\ 1)=(2t+2,\ t+3)$

よって $\begin{cases} \boldsymbol{x=2t+2} \\ \boldsymbol{y=t+3} \end{cases}$ …答

24 円のベクトル方程式　36 円のベクトル方程式

点 C($\vec{c}$) を中心とする半径2の円のベクトル方程式を求めよ。

求める円周上の点を P($\vec{p}$) とする。

$|\overrightarrow{\mathrm{CP}}|=2$ だから　$|\vec{p}-\vec{c}|=\mathbf{2}$ …答

ガイド

ヒラメキ
3点 A，B，C が一直線上。
→$\overrightarrow{\mathrm{AC}}=k\overrightarrow{\mathrm{AB}}$

なにをする？
$\overrightarrow{\mathrm{AC}}$，$\overrightarrow{\mathrm{AB}}$ を $\vec{a}$，$\vec{b}$ で表し，$\overrightarrow{\mathrm{AC}}=k\overrightarrow{\mathrm{AB}}$ となる実数 k をみつける。

ヒラメキ
面積→公式は3つ。

なにをする？

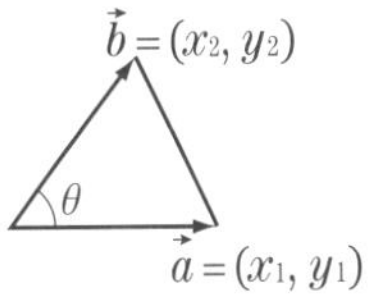

$S=\dfrac{1}{2}|x_1y_2-x_2y_1|$

ヒラメキ
点 A を通り $\vec{u}$ に平行な直線
→$\overrightarrow{\mathrm{OP}}=\overrightarrow{\mathrm{OA}}+t\vec{u}$

ヒラメキ
点 C($\vec{c}$) を中心とする半径 r の円→$|\vec{p}-\vec{c}|=r$

ガイドなしでやってみよう！

25 **一直線上にあることの証明**

△OAB の辺 OA を 1：2 に内分する点を P，辺 AB を 3：1 に外分する点を Q，辺 OB を 3：2 に内分する点を R とするとき，3 点 P，Q，R は一直線上にあることを証明せよ。

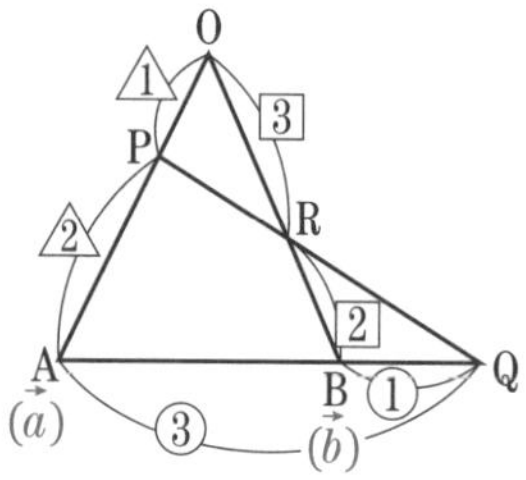

［証明］ $\overrightarrow{OA}=\vec{a}$，$\overrightarrow{OB}=\vec{b}$ とおく。

点 P は辺 OA を 1：2 に内分するから　$\overrightarrow{OP}=\frac{1}{3}\vec{a}$

点 Q は辺 AB を 3：1 に外分するから　$\overrightarrow{OQ}=\frac{-\vec{a}+3\vec{b}}{3-1}=\frac{-\vec{a}+3\vec{b}}{2}$

点 R は辺 OB を 3：2 に内分するから　$\overrightarrow{OR}=\frac{3}{5}\vec{b}$

よって　$\overrightarrow{PQ}=\overrightarrow{OQ}-\overrightarrow{OP}=\frac{-\vec{a}+3\vec{b}}{2}-\frac{1}{3}\vec{a}=\frac{-5\vec{a}+9\vec{b}}{6}$

$\overrightarrow{PR}=\overrightarrow{OR}-\overrightarrow{OP}=\frac{3}{5}\vec{b}-\frac{1}{3}\vec{a}=\frac{-5\vec{a}+9\vec{b}}{15}$

ゆえに　$\overrightarrow{PQ}=\frac{15}{6}\overrightarrow{PR}=\frac{5}{2}\overrightarrow{PR}$

したがって，3 点 P，Q，R は一直線上にある。　［証明終わり］

26 **線分上にある点の位置ベクトル**

△OAB において，辺 OA を 2：3 に内分する点を C，辺 OB を 1：2 に内分する点を D とし，AD と BC の交点を P とするとき，次の問いに答えよ。

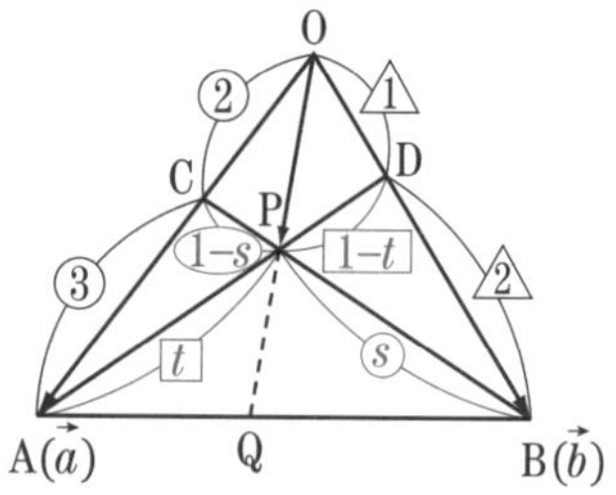

(1) $\overrightarrow{OA}=\vec{a}$，$\overrightarrow{OB}=\vec{b}$ とおくとき，$\overrightarrow{OP}$ を $\vec{a}$，$\vec{b}$ で表せ。

AP：PD＝t：$(1-t)$ とおくと

$$\overrightarrow{OP}=\frac{(1-t)\overrightarrow{OA}+t\overrightarrow{OD}}{t+(1-t)}$$

$$=(1-t)\vec{a}+\frac{t}{3}\vec{b}\quad\cdots①$$

同様に，BP：PC＝s：$(1-s)$ とおくと

$$\overrightarrow{OP}=\frac{(1-s)\overrightarrow{OB}+s\overrightarrow{OC}}{s+(1-s)}=(1-s)\vec{b}+\frac{2s}{5}\vec{a}\quad\cdots②$$

$\vec{a}\neq\vec{0}$，$\vec{b}\neq\vec{0}$，$\vec{a}$ と $\vec{b}$ は平行でないから，$\overrightarrow{OP}$ は 1 通りに表される。

①＝②より，$1-t=\frac{2s}{5}$，$\frac{t}{3}=1-s$ であるから

$5t+2s=5\quad\cdots③\qquad t+3s=3\quad\cdots④$

③，④を解いて　$s=\frac{10}{13}$，$t=\frac{9}{13}$　　したがって　$\boldsymbol{\overrightarrow{OP}=\frac{4}{13}\vec{a}+\frac{3}{13}\vec{b}}$ …答

(2) 直線 OP と辺 AB の交点を Q とするとき，AQ：QB を求めよ。

$\overrightarrow{OP}=\dfrac{4\vec{a}+3\vec{b}}{13}=\dfrac{7}{13}\cdot\dfrac{4\vec{a}+3\vec{b}}{7}$

点 Q は辺 AB の内分点だから辺 AB 上の点。

点 Q は OP の延長上にあり，辺 AB 上の点だから　$\overrightarrow{OQ}=\dfrac{4\vec{a}+3\vec{b}}{7}=\dfrac{4\vec{a}+3\vec{b}}{3+4}$

したがって　**AQ：QB＝3：4**　…答

［別解］チェバの定理を用いると，$\dfrac{OC}{CA}\cdot\dfrac{AQ}{QB}\cdot\dfrac{BD}{DO}=1$ より　$\dfrac{2}{3}\cdot\dfrac{AQ}{QB}\cdot\dfrac{2}{1}=1$

よって，4AQ＝3QB より　**AQ：QB＝3：4**

27 三角形の面積②

$|\overrightarrow{AB}|=6$，$|\overrightarrow{AC}|=5$，$|\overrightarrow{BC}|=7$ を満たす △ABC の面積 S を求めよ。

$|\overrightarrow{BC}|=7$ より，$|\overrightarrow{AC}-\overrightarrow{AB}|=7$ の両辺を 2 乗して

$|\overrightarrow{AC}|^2-2\overrightarrow{AC}\cdot\overrightarrow{AB}+|\overrightarrow{AB}|^2=49$

$5^2-2\overrightarrow{AC}\cdot\overrightarrow{AB}+6^2=49$ より　$\overrightarrow{AB}\cdot\overrightarrow{AC}=6$

$S=\dfrac{1}{2}\sqrt{|\overrightarrow{AB}|^2|\overrightarrow{AC}|^2-(\overrightarrow{AB}\cdot\overrightarrow{AC})^2}=\dfrac{1}{2}\sqrt{6^2\cdot 5^2-6^2}=\mathbf{6\sqrt{6}}$　…答

$6\sqrt{25-1}=6\cdot 2\sqrt{6}$

28 直線の媒介変数表示と方程式

3 点 A(2，3)，B(−1，−1)，C(5，1) があるとき，次の問いに答えよ。

(1) 点 A を通り $\overrightarrow{BC}$ に平行な直線を媒介変数 t を用いて表せ。

求める直線上の点を P(x，y) とする。

$\overrightarrow{OP}=\overrightarrow{OA}+t\overrightarrow{BC}$ で　$\overrightarrow{OA}=(2,\ 3)$，$\overrightarrow{BC}=(6,\ 2)$

よって，$(x,\ y)=(2,\ 3)+t(6,\ 2)=(6t+2,\ 2t+3)$ だから　$\begin{cases}\boldsymbol{x=6t+2}\\ \boldsymbol{y=2t+3}\end{cases}$　…答

(2) 点 A を通り $\overrightarrow{BC}$ に垂直な直線の方程式を求めよ。

求める直線上の点を P(x，y) とする。

AP⊥BC だから，$\overrightarrow{AP}\cdot\overrightarrow{BC}=0$ より　$\{(x,\ y)-(2,\ 3)\}\cdot(6,\ 2)=0$

よって　$(x-2,\ y-3)\cdot(6,\ 2)=0$

$6(x-2)+2(y-3)=0$ より　$\boldsymbol{3x+y-9=0}$　…答

29 ベクトル方程式による図形の特定

平面上に一直線上にない異なる 3 点 A($\vec{a}$)，B($\vec{b}$)，C($\vec{c}$) と動点 P($\vec{p}$) がある。次のベクトル方程式で表される点 P はどのような図形上にあるか。

(1) $(\vec{p}-\vec{a})\cdot(\vec{p}-\vec{b})=0$

$\overrightarrow{AP}\cdot\overrightarrow{BP}=0$ より

AP⊥BP だから，

AB を直径の両端とする円。　…答

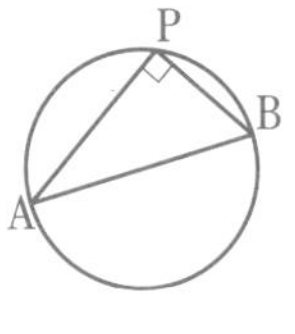

(2) $|3\vec{p}-\vec{a}-\vec{b}-\vec{c}|=6$

$\left|\vec{p}-\dfrac{\vec{a}+\vec{b}+\vec{c}}{3}\right|=2$

△ABC の重心を G とすると　$|\overrightarrow{GP}|=2$

よって，**△ABC の重心を中心とする半径 2 の円。**　…答

定期テスト対策問題

目標点　60点
制限時間　50分
　　点

1 2つのベクトル $\vec{a}$, $\vec{b}$ が与えられているとき，次のベクトルを作図せよ。 ⮌ 1 5

(各6点　計12点)

(1) $\vec{a}+2\vec{b}$

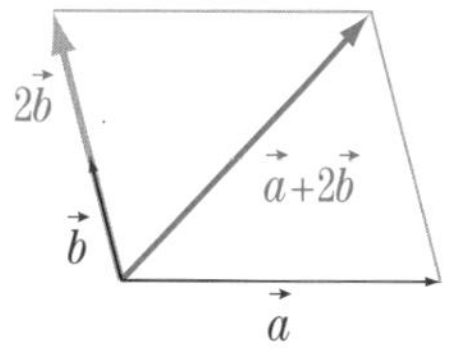

(2) $\dfrac{1}{2}\vec{a}-2\vec{b}$

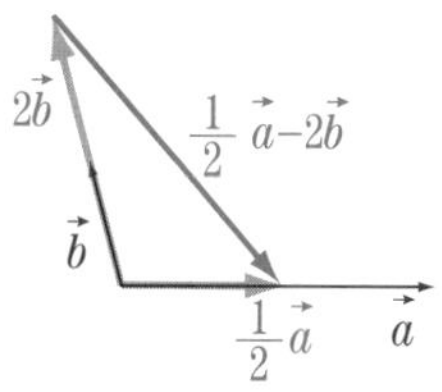

2 $\vec{a}=(-1,\ 3)$, $\vec{b}=(1,\ 1)$ のとき，次の問いに答えよ。 ⮌ 4 10　(各6点　計12点)

(1) $\vec{c}=(-5,\ 7)$ を $m\vec{a}+n\vec{b}$ の形で表せ。

$\vec{c}=m\vec{a}+n\vec{b}$ を成分表示する。

$(-5,\ 7)=m(-1,\ 3)+n(1,\ 1)$
$\quad=(-m+n,\ 3m+n)$

より $\begin{cases} -m+n=-5 & \cdots① \\ 3m+n=7 & \cdots② \end{cases}$

①，②を解いて　$m=3$, $n=-2$

したがって　$\boldsymbol{\vec{c}=3\vec{a}-2\vec{b}}$ …答

(2) $|\vec{a}+t\vec{b}|$ の最小値を求めよ。

$\vec{a}+t\vec{b}=(-1,\ 3)+t(1,\ 1)$
$\quad=(t-1,\ t+3)$

$|\vec{a}+t\vec{b}|^2=(t-1)^2+(t+3)^2$
$\quad=t^2-2t+1+t^2+6t+9$
$\quad=2t^2+4t+10=2(t+1)^2+8$

$t=-1$ のとき $|\vec{a}+t\vec{b}|^2$ の最小値は　8

したがって，**最小値 $2\sqrt{2}$ ($t=-1$)** …答

3 $\vec{a}=(1,\ 3)$, $\vec{b}=(4,\ 2)$ のとき，次の問いに答えよ。 ⮌ 15 16 18　(各6点　計12点)

(1) $\vec{a}$ と $\vec{b}$ のなす角 θ を求めよ。

$|\vec{a}|=\sqrt{1^2+3^2}=\sqrt{10}$

$|\vec{b}|=\sqrt{4^2+2^2}=2\sqrt{5}$

$\vec{a}\cdot\vec{b}=1\cdot4+3\cdot2=10$

$$\cos\theta=\frac{\vec{a}\cdot\vec{b}}{|\vec{a}||\vec{b}|}=\frac{10}{\sqrt{10}\cdot2\sqrt{5}}=\frac{10}{10\sqrt{2}}=\frac{\sqrt{2}}{2}$$

$0^\circ\leqq\theta\leqq180^\circ$ より　$\boldsymbol{\theta=45^\circ}$ …答

(2) $(\vec{a}+2\vec{b})\cdot(2\vec{a}-\vec{b})$ を求めよ。

$\vec{a}+2\vec{b}=(1,\ 3)+2(4,\ 2)=(9,\ 7)$

$2\vec{a}-\vec{b}=2(1,\ 3)-(4,\ 2)=(-2,\ 4)$

よって　$(\vec{a}+2\vec{b})\cdot(2\vec{a}-\vec{b})$

$=9\cdot(-2)+7\cdot4=-18+28=\mathbf{10}$ …答

[別解]　$(\vec{a}+2\vec{b})\cdot(2\vec{a}-\vec{b})=2|\vec{a}|^2+3\vec{a}\cdot\vec{b}-2|\vec{b}|^2$
$\quad=2(\sqrt{10})^2+3\cdot10-2(2\sqrt{5})^2$
$\quad=\mathbf{10}$

4 2つのベクトル $\vec{a}$, $\vec{b}$ があって，$|\vec{a}|=3$, $|\vec{b}|=2$, $|\vec{a}+\vec{b}|=\sqrt{19}$ のとき，次の値を求めよ。
⮌ 19

(各6点　計18点)

(1) $\vec{a}\cdot\vec{b}$

$|\vec{a}+\vec{b}|^2=(\sqrt{19})^2$ より　$|\vec{a}|^2+2\vec{a}\cdot\vec{b}+|\vec{b}|^2=19$　　$9+2\vec{a}\cdot\vec{b}+4=19$

よって　$\boldsymbol{\vec{a}\cdot\vec{b}=3}$ …答

(2) $\vec{a}$ と $\vec{b}$ のなす角 θ

$$\cos\theta=\frac{\vec{a}\cdot\vec{b}}{|\vec{a}||\vec{b}|}=\frac{3}{3\cdot2}=\frac{1}{2}$$　$0^\circ\leqq\theta\leqq180^\circ$ より　$\boldsymbol{\theta=60^\circ}$ …答

(3) $|2\vec{a}+3\vec{b}|$

$|2\vec{a}+3\vec{b}|^2=(2\vec{a}+3\vec{b})\cdot(2\vec{a}+3\vec{b})=4\vec{a}\cdot\vec{a}+6\vec{a}\cdot\vec{b}+6\vec{b}\cdot\vec{a}+9\vec{b}\cdot\vec{b}$

$=4|\vec{a}|^2+12\vec{a}\cdot\vec{b}+9|\vec{b}|^2=36+36+36=108$　　よって　$\boldsymbol{|2\vec{a}+3\vec{b}|=6\sqrt{3}}$ …答

5 △OAB において，辺 OA を 2：1 に内分する点を C，辺 OB を 3：2 に内分する点を D とし，AD と BC の交点を P とする。 ⊃ 26 （各 7 点　計 14 点）

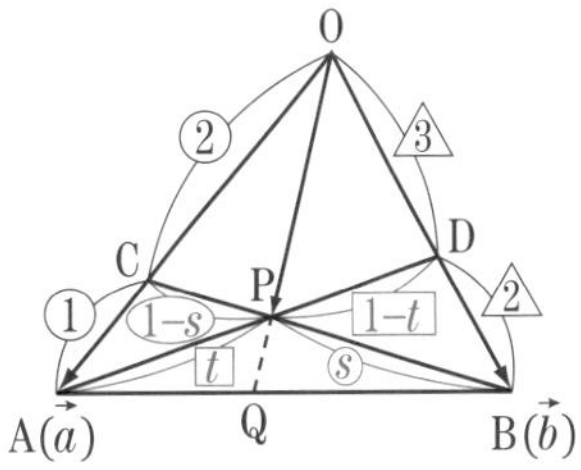

(1) $\overrightarrow{OA}=\vec{a}$，$\overrightarrow{OB}=\vec{b}$ とおくとき，$\overrightarrow{OP}$ を $\vec{a}$，$\vec{b}$ で表せ。

$\overrightarrow{OC}=\frac{2}{3}\vec{a}$，$\overrightarrow{OD}=\frac{3}{5}\vec{b}$

AP：PD$=t$：$(1-t)$ とおくと　$\overrightarrow{OP}=\dfrac{(1-t)\vec{a}+t\left(\frac{3}{5}\vec{b}\right)}{t+(1-t)}=(1-t)\vec{a}+\dfrac{3t}{5}\vec{b}$　…①

同様に，BP：PC$=s$：$(1-s)$ とおくと　$\overrightarrow{OP}=(1-s)\vec{b}+s\left(\frac{2}{3}\vec{a}\right)=\dfrac{2s}{3}\vec{a}+(1-s)\vec{b}$　…②

$\vec{a}\neq\vec{0}$，$\vec{b}\neq\vec{0}$，$\vec{a}$ と $\vec{b}$ は平行でないから，$\overrightarrow{OP}$ は 1 通りに表される。

①＝②より，$1-t=\frac{2}{3}s$，$\frac{3}{5}t=1-s$ であるから

$3t+2s=3$　…③　　$3t+5s=5$　…④

③，④を解いて　$s=\frac{2}{3}$，$t=\frac{5}{9}$　　したがって　$\overrightarrow{OP}=\frac{4}{9}\vec{a}+\frac{1}{3}\vec{b}$　…**答**

(2) 直線 OP と辺 AB の交点を Q とするとき，AQ：QB を求めよ。

$\overrightarrow{OP}=\dfrac{4\vec{a}+3\vec{b}}{9}=\dfrac{7}{9}\cdot\dfrac{4\vec{a}+3\vec{b}}{7}$

点 Q は OP の延長上にあり，辺 AB 上の点だから　$\overrightarrow{OQ}=\dfrac{4\vec{a}+3\vec{b}}{7}=\dfrac{4\vec{a}+3\vec{b}}{3+4}$

したがって　**AQ：QB＝3：4**　…**答**

6 次の条件のとき，それぞれ △OAB の面積 S を求めよ。 ⊃ 22 27 （各 6 点　計 12 点）

(1) $\overrightarrow{OA}=(5,\ 1)$，$\overrightarrow{OB}=(2,\ 3)$

$S=\frac{1}{2}|5\cdot3-2\cdot1|=\frac{13}{2}$　…**答**

(2) $|\overrightarrow{OA}|=5$，$|\overrightarrow{OB}|=4$，$\overrightarrow{OA}\cdot\overrightarrow{OB}=10$

$S=\frac{1}{2}\sqrt{5^2\cdot4^2-10^2}=5\sqrt{3}$　…**答**

7 平面上に，異なる 2 点 A(1，4)，B(3，2) がある。A，B の位置ベクトルをそれぞれ $\vec{a}$，$\vec{b}$ とするとき，次の問いに答えよ。 ⊃ 23 24 28 29 （各 5 点　計 20 点）

(1) 2 点 A，B を通る直線のベクトル方程式を求め，媒介変数表示をせよ。

求める直線上の点を P($\vec{p}$) とする。方向ベクトルは $\overrightarrow{AB}=\vec{b}-\vec{a}=(2,\ -2)$ なので

$\vec{p}=\vec{a}+t(\vec{b}-\vec{a})$　　すなわち　$\vec{p}=(1-t)\vec{a}+t\vec{b}$　…**答**

P(x，y) として成分で表示すると　$(x,\ y)=(1,\ 4)+t(2,\ -2)=(2t+1,\ -2t+4)$

したがって　$\begin{cases}x=2t+1\\ y=-2t+4\end{cases}$　…**答**

(2) A，B を直径の両端とする円のベクトル方程式を求め，x，y の方程式で表せ。

求める円周上の点を P($\vec{p}$) とする。

∠APB＝90° だから　$\overrightarrow{AP}\perp\overrightarrow{BP}$　　$(\vec{p}-\vec{a})\cdot(\vec{p}-\vec{b})=0$　…**答**

P(x，y) として成分で表示すると　$(x-1)(x-3)+(y-4)(y-2)=0$

$x^2-4x+3+y^2-6y+8=0$　　$(x-2)^2+(y-3)^2=2$　…**答**

第3章　ベクトル

4 空間座標とベクトル

ポイント

37 空間座標

座標空間 座標が定められた空間。右の図の点Pの座標を $(a,\ b,\ c)$ と表す。

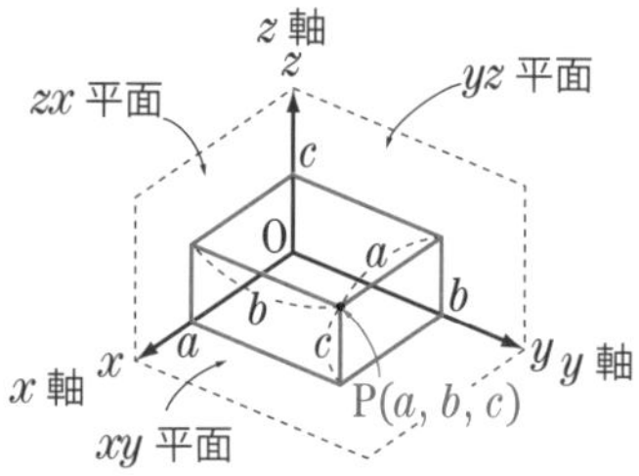

座標平面に平行な平面

x 座標が a であり，y 座標，z 座標が任意の点の集合は，yz 平面に平行な平面となる。この平面は $x=a$ で表される。同様に，$y=b$，$z=c$ も次の図のように考えることができる。

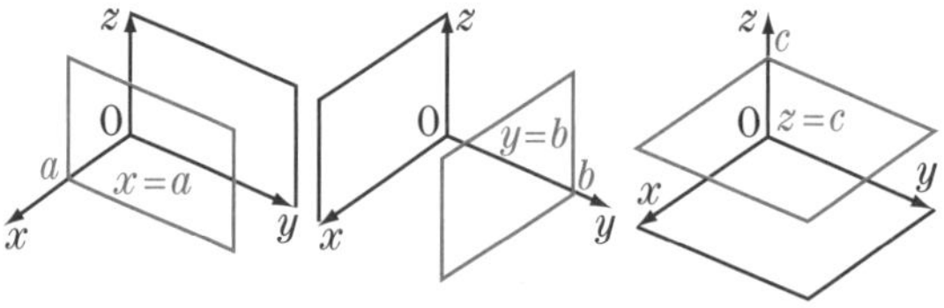

2点間の距離 2点 $P(x_1,\ y_1,\ z_1)$，$Q(x_2,\ y_2,\ z_2)$ に対して

$$\mathbf{PQ}=\sqrt{(x_2-x_1)^2+(y_2-y_1)^2+(z_2-z_1)^2}$$ とくに $$\mathbf{OP}=\sqrt{x_1^2+y_1^2+z_1^2}$$

38 空間ベクトル

空間ベクトル 平面で考えたベクトル $\overrightarrow{AB}$ をそのまま空間内で考える。このとき，平面で学んだベクトルの性質はそのまま使える。

空間ベクトルの基本ベクトル 空間座標内で3点 $E_1(1,\ 0,\ 0)$，$E_2(0,\ 1,\ 0)$，$E_3(0,\ 0,\ 1)$ を考える。$\vec{e_1}=\overrightarrow{OE_1}$，$\vec{e_2}=\overrightarrow{OE_2}$，$\vec{e_3}=\overrightarrow{OE_3}$ を x 軸，y 軸，z 軸の基本ベクトルという。

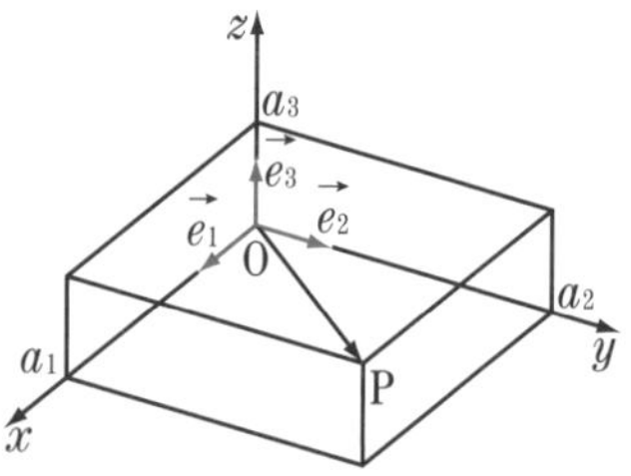

空間ベクトルの成分 空間内の任意のベクトル $\vec{a}$ に対し，$\overrightarrow{OP}=\vec{a}$ となる点 $P(a_1,\ a_2,\ a_3)$ を考える。このとき，$\vec{a}=\overrightarrow{OP}=a_1\vec{e_1}+a_2\vec{e_2}+a_3\vec{e_3}$ と表せる。これを $\vec{a}$ の基本ベクトル表示という。そして，a_1，a_2，a_3 をそれぞれ **x 成分**，**y 成分**，**z 成分**という。また，$\vec{a}$ を $\vec{\boldsymbol{a}}=(\boldsymbol{a_1},\ \boldsymbol{a_2},\ \boldsymbol{a_3})$ と書き，これを $\vec{a}$ の成分表示という。

39 空間ベクトルの内積

空間ベクトルの内積 $(\vec{a}\neq\vec{0},\ \vec{b}\neq\vec{0}$ とする。$)$

$\vec{a}$ と $\vec{b}$ の内積は $\vec{\boldsymbol{a}}\cdot\vec{\boldsymbol{b}}=|\vec{\boldsymbol{a}}||\vec{\boldsymbol{b}}|\cos\boldsymbol{\theta}$ （ただし，θ は $\vec{a}$ と $\vec{b}$ のなす角。）

内積の基本性質と計算方法

① $\vec{a}\cdot\vec{b}=\vec{b}\cdot\vec{a}$　② $-|\vec{a}||\vec{b}|\leqq\vec{a}\cdot\vec{b}\leqq|\vec{a}||\vec{b}|$　③ $\vec{a}\cdot\vec{a}=|\vec{a}|^2$

④ $\vec{a}\cdot(\vec{b}+\vec{c})=\vec{a}\cdot\vec{b}+\vec{a}\cdot\vec{c}$，$(\vec{a}+\vec{b})\cdot\vec{c}=\vec{a}\cdot\vec{c}+\vec{b}\cdot\vec{c}$

⑤ $k(\vec{a}\cdot\vec{b})=(k\vec{a})\cdot\vec{b}=\vec{a}\cdot(k\vec{b})$ （k は実数）

⑥ $|\vec{a}+\vec{b}|^2=|\vec{a}|^2+2\vec{a}\cdot\vec{b}+|\vec{b}|^2$　$|\vec{a}-\vec{b}|^2=|\vec{a}|^2-2\vec{a}\cdot\vec{b}+|\vec{b}|^2$

⑦ $(\vec{a}+\vec{b})\cdot(\vec{a}-\vec{b})=|\vec{a}|^2-|\vec{b}|^2$

空間ベクトルの内積と成分表示 $\vec{a}=(a_1,\ a_2,\ a_3)$，$\vec{b}=(b_1,\ b_2,\ b_3)$ のとき

① $\vec{\boldsymbol{a}}\cdot\vec{\boldsymbol{b}}=\boldsymbol{a_1b_1+a_2b_2+a_3b_3}$　② $\vec{a}\perp\vec{b}\iff\vec{a}\cdot\vec{b}=a_1b_1+a_2b_2+a_3b_3=0$

③ $$\cos\boldsymbol{\theta}=\frac{\vec{\boldsymbol{a}}\cdot\vec{\boldsymbol{b}}}{|\vec{\boldsymbol{a}}||\vec{\boldsymbol{b}}|}=\frac{\boldsymbol{a_1b_1+a_2b_2+a_3b_3}}{\sqrt{\boldsymbol{a_1}^2+\boldsymbol{a_2}^2+\boldsymbol{a_3}^2}\sqrt{\boldsymbol{b_1}^2+\boldsymbol{b_2}^2+\boldsymbol{b_3}^2}}$$

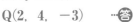

30 対称点 37 空間座標

点 P(2, 4, 3) について，次のものを求めよ。

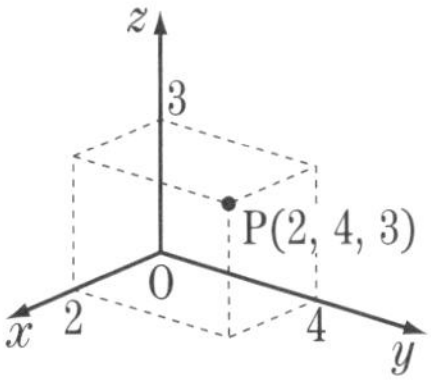

(1) 点 P の xy 平面に関する対称点 Q の座標

Q(2, 4, −3) …答

(2) 点 P の z 軸に関する対称点 R の座標

R(−2, −4, 3) …答

(3) 線分 QR の長さ

$\mathrm{QR}=\sqrt{(-2-2)^2+(-4-4)^2+\{3-(-3)\}^2}$

$=\sqrt{16+64+36}=\sqrt{116}=\boldsymbol{2\sqrt{29}}$ …答

31 空間ベクトルの成分① 38 空間ベクトル

$\vec{a}=(1,\ 1,\ 0)$, $\vec{b}=(1,\ 0,\ 1)$, $\vec{c}=(0,\ 1,\ 1)$ のとき，$\vec{p}=(1,\ 4,\ -1)$ を $\vec{p}=l\vec{a}+m\vec{b}+n\vec{c}$ の形で表せ。

$\vec{p}=l\vec{a}+m\vec{b}+n\vec{c}$ を成分表示すると

$(1,\ 4,\ -1)=l(1,\ 1,\ 0)+m(1,\ 0,\ 1)+n(0,\ 1,\ 1)$

$=(l+m,\ l+n,\ m+n)$

よって $\begin{cases} l+m=1 & \cdots① \\ l+n=4 & \cdots② \\ m+n=-1 & \cdots③ \end{cases}$

(①+②+③)÷2 より $l+m+n=2$ …④

④−③, ④−②, ④−①より $l=3$, $m=-2$, $n=1$

したがって $\boldsymbol{\vec{p}=3\vec{a}-2\vec{b}+\vec{c}}$ …答

32 内積と成分表示① 39 空間ベクトルの内積

△OAB において，$\overrightarrow{\mathrm{OA}}=\vec{a}=(2,\ 2,\ 0)$, $\overrightarrow{\mathrm{OB}}=\vec{b}=(1,\ 2,\ -1)$ とするとき，次の問いに答えよ。

(1) $\overrightarrow{\mathrm{OA}}$ と $\overrightarrow{\mathrm{OB}}$ のなす角 θ を求めよ。

$|\vec{a}|=\sqrt{2^2+2^2+0^2}=2\sqrt{2}$, $|\vec{b}|=\sqrt{1^2+2^2+(-1)^2}=\sqrt{6}$

$\vec{a}\cdot\vec{b}=2\cdot1+2\cdot2+0\cdot(-1)=6$

$\cos\theta=\dfrac{\vec{a}\cdot\vec{b}}{|\vec{a}||\vec{b}|}=\dfrac{6}{2\sqrt{2}\cdot\sqrt{6}}=\dfrac{6}{4\sqrt{3}}=\dfrac{\sqrt{3}}{2}$

$0^\circ\leqq\theta\leqq180^\circ$ より $\boldsymbol{\theta=30^\circ}$ …答

(2) △OAB の面積 S を求めよ。

$S=\dfrac{1}{2}\sqrt{|\vec{a}|^2|\vec{b}|^2-(\vec{a}\cdot\vec{b})^2}=\dfrac{1}{2}\sqrt{8\cdot6-6^2}=\boldsymbol{\sqrt{3}}$ …答

[別解] $S=\dfrac{1}{2}|\vec{a}||\vec{b}|\sin\theta=\dfrac{1}{2}\cdot2\sqrt{2}\cdot\sqrt{6}\cdot\dfrac{1}{2}=\sqrt{3}$

ガイド

なにをする？

・点 P(a, b, c) とする。
xy 平面に関して対称な点の座標は
Q(a, b, $-c$)
z 軸に関して対称な点の座標は
R($-a$, $-b$, c)

・2 点 $(x_1,\ y_1,\ z_1)$, $(x_2,\ y_2,\ z_2)$ 間の距離は
$\sqrt{(x_2-x_1)^2+(y_2-y_1)^2+(z_2-z_1)^2}$

ヒラメキ

空間ベクトル
→平面ベクトルと同様。
ただ，z 成分が増えるだけ。

なにをする？

空間ベクトルの場合，$\vec{0}$ でなく，始点をそろえたとき同一平面上にない 3 つのベクトル $\vec{a}$, $\vec{b}$, $\vec{c}$ を使って，すべてのベクトル $\vec{p}$ は $\vec{p}=l\vec{a}+m\vec{b}+n\vec{c}$ の形で 1 通りに表される。

ヒラメキ

ベクトルの内積の性質
→空間ベクトルの性質は平面ベクトルの性質と同じ。

なにをする？

$\cos\theta=\dfrac{\vec{a}\cdot\vec{b}}{|\vec{a}||\vec{b}|}$

・成分計算において，z 成分が増えていることに注意。

第3章 ベクトル

ガイドなしでやってみよう！

33 **2点間の距離**

3点 A(2, 4, −2), B(3, 0, 1), C(−1, 3, 2) から等距離にある xy 平面上の点 D の座標を求めよ。

← z 座標は 0

xy 平面上だから D(x, y, 0) とおく。AD=BD=CD だから，$AD^2=BD^2=CD^2$ より

$(x-2)^2+(y-4)^2+(0+2)^2=(x-3)^2+(y-0)^2+(0-1)^2=(x+1)^2+(y-3)^2+(0-2)^2$

$x^2-4x+y^2-8y+24=x^2-6x+y^2+10=x^2+2x+y^2-6y+14$

(左辺)=(中辺) より　$2x-8y=-14$　　$x-4y=-7$　…①

(中辺)=(右辺) より　$-8x+6y=4$　　$-4x+3y=2$　…②

①×4+②より　$-13y=-26$　　よって　$y=2$　　①より　$x=1$

したがって　**D(1, 2, 0)**　…答

34 **平行六面体とベクトル**

平行六面体 ABCD-EFGH において，$\overrightarrow{AB}=\vec{a}$, $\overrightarrow{AD}=\vec{b}$, $\overrightarrow{AE}=\vec{c}$ とするとき，次のベクトルを $\vec{a}$, $\vec{b}$, $\vec{c}$ で表せ。

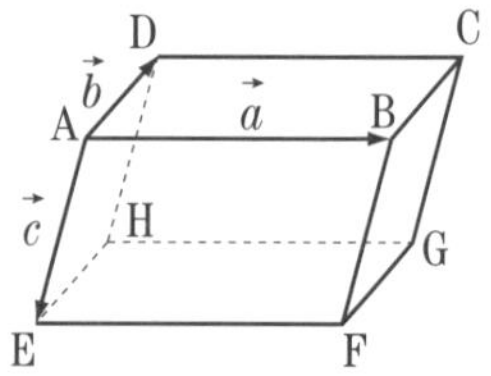

(1) $\overrightarrow{AG}=\overrightarrow{AC}+\overrightarrow{CG}=(\vec{a}+\vec{b})+\vec{c}=\boldsymbol{\vec{a}+\vec{b}+\vec{c}}$　…答

(2) $\overrightarrow{EC}=\overrightarrow{AC}-\overrightarrow{AE}=(\vec{a}+\vec{b})-\vec{c}=\boldsymbol{\vec{a}+\vec{b}-\vec{c}}$　…答

(3) $\overrightarrow{HB}=\overrightarrow{AB}-\overrightarrow{AH}=\vec{a}-(\vec{b}+\vec{c})=\boldsymbol{\vec{a}-\vec{b}-\vec{c}}$　…答

35 **空間ベクトルの成分②**

$\vec{a}=(2, -3, 4)$, $\vec{b}=(1, 3, -2)$ のとき，次の問いに答えよ。

(1) $2\vec{a}-\vec{b}$ を成分で表せ。

$2\vec{a}-\vec{b}=(4, -6, 8)-(1, 3, -2)=\boldsymbol{(3, -9, 10)}$　…答

(2) $3\vec{x}-\vec{b}=2\vec{a}+3\vec{b}+\vec{x}$ を満たす $\vec{x}$ を成分で表せ。また，$\vec{x}$ と同じ向きの単位ベクトルを成分で表せ。

$3\vec{x}-\vec{b}=2\vec{a}+3\vec{b}+\vec{x}$ より，$2\vec{x}=2\vec{a}+4\vec{b}$ だから　$\vec{x}=\vec{a}+2\vec{b}$

$\boldsymbol{\vec{x}}=(2, -3, 4)+(2, 6, -4)=\boldsymbol{(4, 3, 0)}$　…答

$|\vec{x}|=\sqrt{4^2+3^2+0^2}=5$ より，求める単位ベクトルは　$\frac{1}{5}\vec{x}=\boldsymbol{\left(\frac{4}{5}, \frac{3}{5}, 0\right)}$　…答

36 **空間ベクトルの成分③**

3点 A(1, 2, −1), B(3, 4, 2), C(5, 8, 4) がある。四角形 ABCD が平行四辺形となるように，点 D の座標を定めよ。

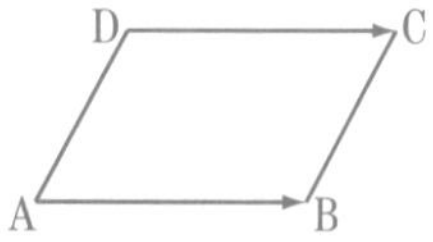

四角形 ABCD が平行四辺形だから，1組の対辺が等しく，かつ平行なので　$\overrightarrow{DC}=\overrightarrow{AB}$

ここで D(x, y, z) とおくと

$\overrightarrow{DC}=\overrightarrow{OC}-\overrightarrow{OD}=(5-x, 8-y, 4-z)$

$\overrightarrow{AB}=\overrightarrow{OB}-\overrightarrow{OA}=(3, 4, 2)-(1, 2, -1)=(2, 2, 3)$

よって，$5-x=2$, $8-y=2$, $4-z=3$ だから　$x=3$, $y=6$, $z=1$

ゆえに　**D(3, 6, 1)**　…答

37 空間ベクトルの内積

1 辺の長さが 1 の立方体 ABCD-EFGH において，次の内積を求めよ。

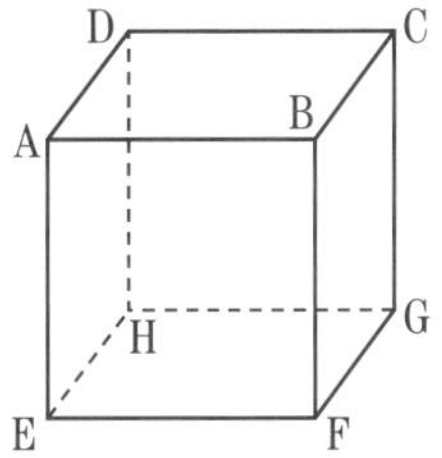

(1) $\overrightarrow{AC}\cdot\overrightarrow{AE}$

AC⊥AE だから　$\overrightarrow{AC}\cdot\overrightarrow{AE}=\mathbf{0}$ …答

(2) $\overrightarrow{AC}\cdot\overrightarrow{AF}$

△CAF は正三角形だから　$AC=AF=\sqrt{2}$，$\angle CAF=60°$

よって　$\overrightarrow{AC}\cdot\overrightarrow{AF}=\sqrt{2}\cdot\sqrt{2}\cdot\cos 60°=2\cdot\frac{1}{2}=\mathbf{1}$ …答

(3) $\overrightarrow{AC}\cdot\overrightarrow{AG}$

$AC=\sqrt{2}$，$AG=\sqrt{3}$，$\angle ACG=90°$ であるから，

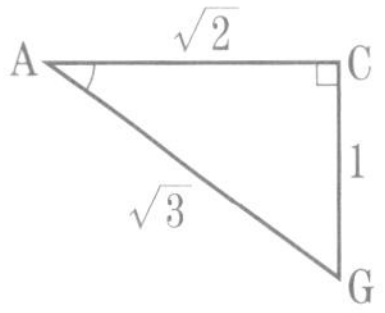

右の図より　$\cos\angle GAC=\frac{\sqrt{2}}{\sqrt{3}}$

よって　$\overrightarrow{AC}\cdot\overrightarrow{AG}=\sqrt{2}\cdot\sqrt{3}\cdot\frac{\sqrt{2}}{\sqrt{3}}=\mathbf{2}$ …答

(4) $\overrightarrow{AB}\cdot\overrightarrow{EC}$

$\overrightarrow{AB}\cdot\overrightarrow{EC}=\overrightarrow{EF}\cdot\overrightarrow{EC}$ である。

$EF=1$，$CF=\sqrt{2}$，$\angle CFE=90°$ であるから，

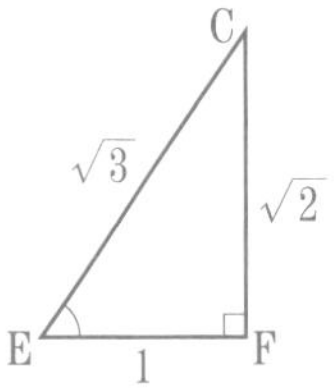

右の図より　$\cos\angle CEF=\frac{1}{\sqrt{3}}$

よって　$\overrightarrow{AB}\cdot\overrightarrow{EC}=1\cdot\sqrt{3}\cdot\frac{1}{\sqrt{3}}=\mathbf{1}$ …答

38 内積と成分表示②

$\vec{a}=(2,\ 1,\ 1)$，$\vec{b}=(-1,\ 1,\ -2)$ について，次の問いに答えよ。

(1) $\vec{a}$ と $\vec{b}$ のなす角 θ を求めよ。

$|\vec{a}|=\sqrt{6}$，$|\vec{b}|=\sqrt{6}$，$\vec{a}\cdot\vec{b}=-2+1-2=-3$ である。

よって　$\cos\theta=\frac{\vec{a}\cdot\vec{b}}{|\vec{a}||\vec{b}|}=\frac{-3}{\sqrt{6}\cdot\sqrt{6}}=-\frac{1}{2}$　　$0°\leqq\theta\leqq180°$ より　$\boldsymbol{\theta=120°}$ …答

(2) $\overrightarrow{OA}=\vec{a}$，$\overrightarrow{OB}=\vec{b}$ で表される △OAB の面積 S を求めよ。

$$S=\frac{1}{2}\sqrt{|\vec{a}|^2|\vec{b}|^2-(\vec{a}\cdot\vec{b})^2}=\frac{1}{2}\sqrt{6\cdot6-(-3)^2}=\frac{\sqrt{27}}{2}=\mathbf{\frac{3\sqrt{3}}{2}}$$ …答

[別解] $S=\frac{1}{2}|\vec{a}||\vec{b}|\sin\theta=\frac{1}{2}\sqrt{6}\cdot\sqrt{6}\cdot\sin 120°=\mathbf{\frac{3\sqrt{3}}{2}}$

(3) $\vec{a}$ と $\vec{a}+t\vec{b}$ が垂直になるような実数 t の値を求めよ。

$\vec{a}+t\vec{b}=(2,\ 1,\ 1)+(-t,\ t,\ -2t)=(2-t,\ 1+t,\ 1-2t)$

$\vec{a}\perp(\vec{a}+t\vec{b})$ だから　$\vec{a}\cdot(\vec{a}+t\vec{b})=0$

よって　$\vec{a}\cdot(\vec{a}+t\vec{b})=2(2-t)+(1+t)+(1-2t)=0$

ゆえに　$6-3t=0$　　したがって　$\boldsymbol{t=2}$ …答

[別解] $\vec{a}\cdot(\vec{a}+t\vec{b})=0$ より　$|\vec{a}|^2+t\vec{a}\cdot\vec{b}=0$　　よって　$6-3t=0$　　$\boldsymbol{t=2}$

第3章 ベクトル

5 空間図形とベクトル

ポイント

40 空間の位置ベクトル

位置ベクトルとその性質

空間においても平面と同様に位置ベクトルを定義することができ，$\mathrm{P}(\vec{p})$ のように表すことにすると，次のような性質をもつ。$\mathrm{A}(\vec{a})$，$\mathrm{B}(\vec{b})$，$\mathrm{C}(\vec{c})$ に対して

① $\overrightarrow{\mathbf{AB}}=\vec{b}-\vec{a}$

② 線分 AB を $m:n$ に内分する点を $\mathrm{P}(\vec{p})$，外分する点を $\mathrm{Q}(\vec{q})$ とすると

$$\vec{p}=\frac{n\vec{a}+m\vec{b}}{m+n}\quad \begin{matrix}\mathrm{A}\ \ \mathrm{B}\\ m:n\end{matrix}\qquad \vec{q}=\frac{-n\vec{a}+m\vec{b}}{m-n}\quad （ただし，m\neq n）\quad \begin{matrix}\mathrm{A}\ \ \ \mathrm{B}\\ m:(-n)\end{matrix}$$

とくに，点 P が線分 AB の中点のとき $\vec{p}=\dfrac{\vec{a}+\vec{b}}{2}$

③ $\triangle$ABC の重心を $\mathrm{G}(\vec{g})$ とすると $\vec{g}=\dfrac{\vec{a}+\vec{b}+\vec{c}}{3}$

④ 異なる 3 点 A，B，C が一直線上にあるとき，$\overrightarrow{\mathbf{AC}}=k\overrightarrow{\mathbf{AB}}$ となる実数 k が存在する。

$\vec{p}=s\vec{a}+t\vec{b}+u\vec{c}$ の表現の一意性

同一平面上にない 4 点 O，A，B，C に対して，$\overrightarrow{\mathrm{OA}}=\vec{a}$，$\overrightarrow{\mathrm{OB}}=\vec{b}$，$\overrightarrow{\mathrm{OC}}=\vec{c}$ とする。

① $s\vec{a}+t\vec{b}+u\vec{c}=s'\vec{a}+t'\vec{b}+u'\vec{c} \iff s=s',\ t=t',\ u=u'$

とくに $s\vec{a}+t\vec{b}+u\vec{c}=\vec{0} \iff s=t=u=0$

② 任意のベクトル $\vec{p}$ は $\vec{p}=s\vec{a}+t\vec{b}+u\vec{c}$ $(s,\ t,\ u$：実数$)$ とただ 1 通りに表される。

41 空間ベクトルと図形

空間ベクトルと直線

異なる 2 点 $\mathrm{A}(\vec{a})$，$\mathrm{B}(\vec{b})$ について，直線 AB を表すベクトル方程式は，直線 AB 上の動点を $\mathrm{P}(\vec{p})$ とすると $\overrightarrow{\mathbf{AP}}=t\overrightarrow{\mathbf{AB}}$

これは，$\vec{p}-\vec{a}=t(\vec{b}-\vec{a})$ より，$\vec{p}=(1-t)\vec{a}+t\vec{b}$ とも書ける。

さらに，$s=1-t$ とおくと $\vec{p}=s\vec{a}+t\vec{b}$ $(s+t=1)$

空間ベクトルと平面

一直線上にない異なる 3 点 $\mathrm{A}(\vec{a})$，$\mathrm{B}(\vec{b})$，$\mathrm{C}(\vec{c})$ について，平面 ABC を表すベクトル方程式は，平面 ABC 上の動点を $\mathrm{P}(\vec{p})$ とすると $\overrightarrow{\mathbf{AP}}=t\overrightarrow{\mathbf{AB}}+u\overrightarrow{\mathbf{AC}}$

これは，$\vec{p}-\vec{a}=t(\vec{b}-\vec{a})+u(\vec{c}-\vec{a})$ より，$\vec{p}=(1-t-u)\vec{a}+t\vec{b}+u\vec{c}$ とも書ける。

さらに，$s=1-t-u$ とおくと $\vec{p}=s\vec{a}+t\vec{b}+u\vec{c}$ $(s+t+u=1)$

42 空間ベクトルの応用

点 $\mathrm{P}_0(\vec{p_0})$ を通り，$\vec{u}$ に平行な直線

$\vec{u}$：方向ベクトル（$\vec{u}\neq\vec{0}$ とする。）

この直線上の動点を $\mathrm{P}(\vec{p})$，$\vec{p}=(x,\ y,\ z)$ とする。いま，$\vec{p_0}=(x_0,\ y_0,\ z_0)$，$\vec{u}=(a,\ b,\ c)$ とすると $\overrightarrow{\mathrm{P_0P}}\parallel\vec{u} \iff \overrightarrow{\mathrm{P_0P}}=t\vec{u} \iff \vec{p}-\vec{p_0}=t\vec{u} \iff \vec{p}=\vec{p_0}+t\vec{u}$

つまり $\begin{cases}x=x_0+at\\ y=y_0+bt\\ z=z_0+ct\end{cases}$ t：媒介変数（パラメータ）

点 $\mathrm{C}(\vec{c})$ を中心とする半径 r（>0）の球

この球面上の点を $\mathrm{P}(\vec{p})$，$\vec{p}=(x,\ y,\ z)$ とする。いま，$\vec{c}=(x_0,\ y_0,\ z_0)$ とすると，

$|\overrightarrow{\mathrm{CP}}|=r \iff |\overrightarrow{\mathrm{CP}}|^2=r^2 \iff \overrightarrow{\mathrm{CP}}\cdot\overrightarrow{\mathrm{CP}}=r^2$

となる。$\overrightarrow{\mathrm{CP}}=(x-x_0,\ y-y_0,\ z-z_0)$ であるので

$$(x-x_0)^2+(y-y_0)^2+(z-z_0)^2=r^2$$

点 $P_0(\vec{p_0})$ を通り $\vec{n}$ に垂直な平面 $\vec{n}$：法線ベクトル（$\vec{n} \neq \vec{0}$ とする。）

この平面上の点を $P(\vec{p})$，$\vec{p}=(x,\ y,\ z)$ とする。いま，$\vec{p_0}=(x_0,\ y_0,\ z_0)$，

$\vec{n}=(a,\ b,\ c)$ とすると $\overrightarrow{P_0P} \perp \vec{n} \iff \overrightarrow{P_0P}\cdot\vec{n}=0 \iff (\vec{p}-\vec{p_0})\cdot\vec{n}=0$

つまり $\boldsymbol{a(x-x_0)+b(y-y_0)+c(z-z_0)=0}$

39 内分点・外分点② 40 空間の位置ベクトル

2 点 A$(-5,\ -2,\ 3)$，B$(5,\ 8,\ -7)$ について，線分 AB を 3：2 に内分する点 P と外分する点 Q の座標を求めよ。

$\overrightarrow{OA}=(-5,\ -2,\ 3)$，$\overrightarrow{OB}=(5,\ 8,\ -7)$ である。

$\overrightarrow{OP}=\dfrac{2\overrightarrow{OA}+3\overrightarrow{OB}}{3+2}=(1,\ 4,\ -3)$ より

P(1, 4, −3) …答

$\overrightarrow{OQ}=\dfrac{-2\overrightarrow{OA}+3\overrightarrow{OB}}{3-2}=(25,\ 28,\ -27)$ より

Q(25, 28, −27) …答

ガイド

ヒラメキ
内分・外分→分ける点。

なにをする？
A$(\vec{a})$，B$(\vec{b})$ とするとき，線分 AB を $m:n$ に分ける点を表す位置ベクトルは

$\dfrac{n\vec{a}+m\vec{b}}{m+n}$

内分のとき $m>0,\ n>0$
外分のとき $mn<0$

40 空間ベクトルと平面① 41 空間ベクトルと図形

3 点 A$(1,\ -2,\ 3)$，B$(2,\ -1,\ 2)$，C$(5,\ -1,\ 1)$ がある。点 P$(x,\ x,\ x)$ が平面 ABC 上にあるとき，x の値を求めよ。

点 P が平面 ABC 上にある条件は $\overrightarrow{AP}=s\overrightarrow{AB}+t\overrightarrow{AC}$ を満たす実数 s，t が存在することだから

$(x-1,\ x+2,\ x-3)=s(1,\ 1,\ -1)+t(4,\ 1,\ -2)$
$=(s+4t,\ s+t,\ -s-2t)$

よって $s+4t=x-1$ …①

$s+t=x+2$ …② $-s-2t=x-3$ …③

②＋③より $t=1-2x$ ②に代入して $s=3x+1$

これを①に代入すると $(3x+1)+4(1-2x)=x-1$

よって $\boldsymbol{x=1}$ …答

ヒラメキ
A，B，C，P が同一平面上

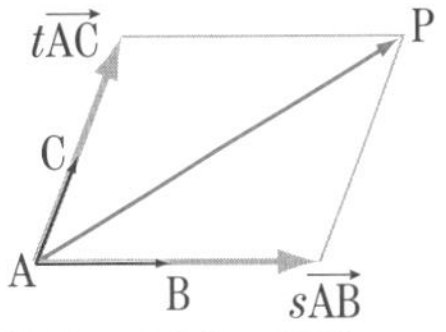

→$\overrightarrow{AP}=s\overrightarrow{AB}+t\overrightarrow{AC}$

なにをする？
$\overrightarrow{AP}=s\overrightarrow{AB}+t\overrightarrow{AC}$ を成分で表して，x の値を求める。

41 平面の方程式 42 空間ベクトルの応用

点 A(1, 3, 4) を通り，法線ベクトルが $\vec{n}=(2,\ -3,\ 1)$ である平面の方程式を求めよ。

求める平面上の点を，P$(x,\ y,\ z)$ とおく。

$\overrightarrow{AP}\perp\vec{n}$ だから $(x-1,\ y-3,\ z-4)\cdot(2,\ -3,\ 1)=0$

よって，$2(x-1)-3(y-3)+(z-4)=0$ だから

$\boldsymbol{2x-3y+z+3=0}$ …答

ヒラメキ
平面→$\overrightarrow{AP}\cdot\vec{n}=0$

なにをする？
$\overrightarrow{AP}\cdot\vec{n}=0$ を成分で計算すればよい。

第3章 ベクトル

ガイドなしでやってみよう！

42 内分・外分，成分と大きさ

2点 A(1, 2, −3)，B(4, 5, 0) について，次の問いに答えよ。

(1) 線分 AB を 2：1 に内分する点 P，外分する点 Q の座標を求めよ。

$$\overrightarrow{OP}=\frac{\overrightarrow{OA}+2\overrightarrow{OB}}{2+1}=\frac{1}{3}\{(1,\ 2,\ -3)+2(4,\ 5,\ 0)\}=\frac{1}{3}(9,\ 12,\ -3)=(3,\ 4,\ -1)$$

$$\overrightarrow{OQ}=\frac{-\overrightarrow{OA}+2\overrightarrow{OB}}{2-1}=-\overrightarrow{OA}+2\overrightarrow{OB}=-(1,\ 2,\ -3)+2(4,\ 5,\ 0)=(7,\ 8,\ 3)$$

よって　**P(3, 4, −1)，Q(7, 8, 3)**　…答

(2) (1)で求めた2点 P，Q で，$\overrightarrow{PQ}$ の成分と大きさを求めよ。

$\overrightarrow{\mathbf{PQ}}=\overrightarrow{OQ}-\overrightarrow{OP}=(\mathbf{4},\ \mathbf{4},\ \mathbf{4})$　…答

$|\overrightarrow{\mathbf{PQ}}|=\sqrt{4^2+4^2+4^2}=\mathbf{4\sqrt{3}}$　…答

43 位置ベクトルの利用

四面体 OABC において，辺 OA，AB，BC，CO の中点をそれぞれ P，Q，R，S とするとき，次の事柄を証明せよ。

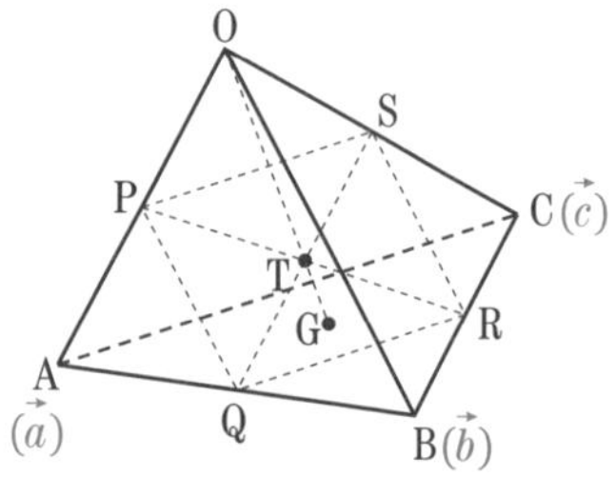

(1) 四角形 PQRS は平行四辺形である。

［証明］　O に関する位置ベクトルを考え，A($\vec{a}$)，B($\vec{b}$)，C($\vec{c}$) とする。

辺 OA，AB，BC，CO の中点がそれぞれ P，Q，R，S だから

$$\overrightarrow{OP}=\frac{\vec{a}}{2},\quad \overrightarrow{OQ}=\frac{\vec{a}+\vec{b}}{2},\quad \overrightarrow{OR}=\frac{\vec{b}+\vec{c}}{2},\quad \overrightarrow{OS}=\frac{\vec{c}}{2}$$

$$\overrightarrow{PS}=\overrightarrow{OS}-\overrightarrow{OP}=\frac{\vec{c}}{2}-\frac{\vec{a}}{2}=\frac{1}{2}(\vec{c}-\vec{a})$$

$$\overrightarrow{QR}=\overrightarrow{OR}-\overrightarrow{OQ}=\frac{\vec{b}+\vec{c}}{2}-\frac{\vec{a}+\vec{b}}{2}=\frac{1}{2}(\vec{c}-\vec{a})$$

← 四角形 PQRS が平行四辺形 $\Longleftrightarrow \overrightarrow{PS}=\overrightarrow{QR}$

よって　$\overrightarrow{PS}=\overrightarrow{QR}$　← ここでは $\overrightarrow{PS}=\overrightarrow{QR}$ を示したが，$\overrightarrow{PQ}=\overrightarrow{SR}$ を示してもよい。

したがって，四角形 PQRS は平行四辺形である。　［証明終わり］

(2) 平行四辺形 PQRS の対角線の交点を T，△ABC の重心を G とするとき，3点 O，T，G は一直線上にある。

［証明］　平行四辺形の対角線は，それぞれの中点で交わるから

$$\overrightarrow{OT}=\frac{\overrightarrow{OP}+\overrightarrow{OR}}{2}=\frac{1}{2}\left(\frac{\vec{a}}{2}+\frac{\vec{b}+\vec{c}}{2}\right)=\frac{\vec{a}+\vec{b}+\vec{c}}{4}$$

また，△ABC の重心が G だから

$$\overrightarrow{OG}=\frac{\vec{a}+\vec{b}+\vec{c}}{3}=\frac{4}{3}\overrightarrow{OT}$$

← 3点 O，T，G が一直線上にある $\Longleftrightarrow \overrightarrow{OG}=k\overrightarrow{OT}$ を示す。

したがって，3点 O，T，G は一直線上にある。　［証明終わり］

44 空間ベクトルと平面②

空間の 4 点 $A(\vec{a})$, $B(\vec{b})$, $C(\vec{c})$, $P(\vec{p})$ が $\overrightarrow{OP}+\overrightarrow{AP}+2\overrightarrow{BP}+3\overrightarrow{CP}=\vec{0}$ を満たすとき，次の問いに答えよ。

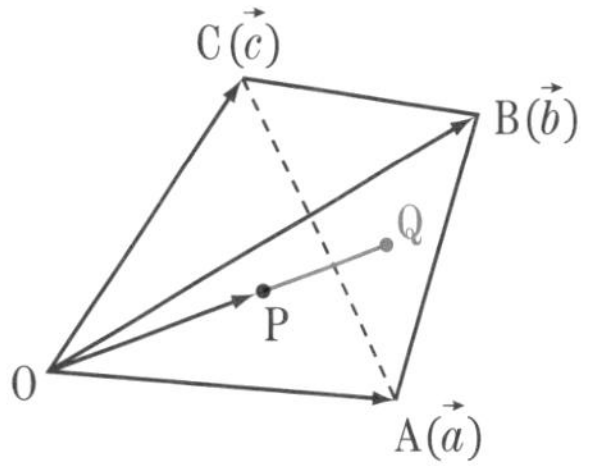

(1) $\vec{p}$ を $\vec{a}$, $\vec{b}$, $\vec{c}$ で表せ。

$\overrightarrow{OP}+\overrightarrow{AP}+2\overrightarrow{BP}+3\overrightarrow{CP}=\vec{0}$ より

$\vec{p}+(\vec{p}-\vec{a})+2(\vec{p}-\vec{b})+3(\vec{p}-\vec{c})=\vec{0}$

$7\vec{p}=\vec{a}+2\vec{b}+3\vec{c}$

よって　$\boldsymbol{\vec{p}=\dfrac{\vec{a}+2\vec{b}+3\vec{c}}{7}}$ …答

(2) OP の延長が，平面 ABC と交わる点を $Q(\vec{q})$ とするとき，$\vec{q}$ を $\vec{a}$, $\vec{b}$, $\vec{c}$ で表せ。

$\overrightarrow{OQ}=t\overrightarrow{OP}$（$t$ は実数）とおくと　$\vec{q}=t\cdot\dfrac{\vec{a}+2\vec{b}+3\vec{c}}{7}=\dfrac{t}{7}\vec{a}+\dfrac{2t}{7}\vec{b}+\dfrac{3t}{7}\vec{c}$

点 Q は平面 ABC 上にあるから，$\dfrac{t}{7}+\dfrac{2t}{7}+\dfrac{3t}{7}=1$ を解いて　$t=\dfrac{7}{6}$

したがって　$\boldsymbol{\vec{q}=\dfrac{\vec{a}+2\vec{b}+3\vec{c}}{6}}$ …答

[参考]　$\vec{p}=s\vec{a}+t\vec{b}+u\vec{c}$ で，$s+t+u=1 \Longleftrightarrow$ 3 点 $A(\vec{a})$, $B(\vec{b})$, $C(\vec{c})$ を通る平面 ABC 上に点 $P(\vec{p})$ がある。

45 垂線の足

3 点 A(1, 0, 0), B(0, 2, 0), C(0, 0, 3) について，次の問いに答えよ。

(1) 平面 ABC の方程式を求めよ。

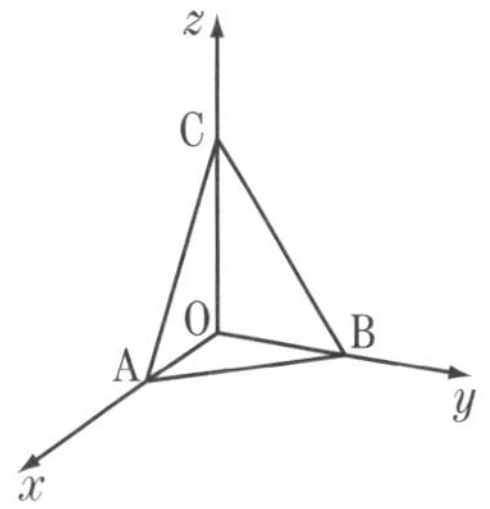

平面 ABC 上の点を $P(x,\ y,\ z)$ とおくと，実数 s, t を用いて $\overrightarrow{AP}=s\overrightarrow{AB}+t\overrightarrow{AC}$ と表せる。

$(x-1,\ y,\ z)=s(-1,\ 2,\ 0)+t(-1,\ 0,\ 3)$

$=(-s-t,\ 2s,\ 3t)$

よって　$x-1=-s-t$, $y=2s$, $z=3t$

この 3 つの式から s, t を消去して　$x+\dfrac{y}{2}+\dfrac{z}{3}=1$

よって　$\boldsymbol{6x+3y+2z=6}$ …答

(2) 点 D(5, 5, 5) から平面 ABC に垂線 DH を下ろしたとき，点 H の座標を求めよ。

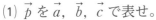

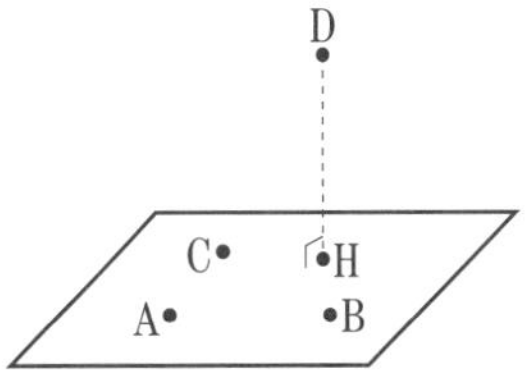

(1)の結果より，平面 ABC に垂直なベクトルの 1 つを $\vec{u}=(6,\ 3,\ 2)$ とし，$H(x,\ y,\ z)$ とすると，$\overrightarrow{DH}=t\vec{u}$ より $(x-5,\ y-5,\ z-5)=t(6,\ 3,\ 2)$ となって

$x=6t+5$, $y=3t+5$, $z=2t+5$

この直線と平面 ABC の交点の座標を求める。

$6(6t+5)+3(3t+5)+2(2t+5)=6$ を解いて　$t=-1$

$t=-1$ だから，$x=-1$, $y=2$, $z=3$ より　**H(−1, 2, 3)** …答

定期テスト対策問題

目標点　60点
制限時間　50分
点

1 $\vec{a}=(2,\ -3,\ 6)$，$\vec{b}=(1,\ 3,\ -4)$ のとき，次の問いに答えよ。 ⮌ 35 （各5点　計20点）

(1) $\vec{a}+2\vec{b}$ を成分で表せ。また，その大きさを求めよ。

$\vec{a}+2\vec{b}=(2,\ -3,\ 6)+(2,\ 6,\ -8)=(\mathbf{4},\ \mathbf{3},\ \mathbf{-2})$ …答

$|\vec{a}+2\vec{b}|=\sqrt{4^2+3^2+(-2)^2}=\sqrt{\mathbf{29}}$ …答

(2) $\vec{a}$ と同じ向きの単位ベクトルを求めよ。

$|\vec{a}|=\sqrt{2^2+(-3)^2+6^2}=\sqrt{49}=7$ だから，$\vec{a}$ と同じ向きの単位ベクトルは

$$\frac{\vec{a}}{|\vec{a}|}=\frac{1}{7}(2,\ -3,\ 6)=\left(\frac{2}{7},\ -\frac{3}{7},\ \frac{6}{7}\right)$$ …答

(3) $5\vec{x}-\vec{a}=2\vec{a}+3\vec{b}+2\vec{x}$ を満たす $\vec{x}$ を成分で表せ。

$5\vec{x}-\vec{a}=2\vec{a}+3\vec{b}+2\vec{x}$ より，$3\vec{x}=3\vec{a}+3\vec{b}$ だから　$\vec{x}=\vec{a}+\vec{b}=(\mathbf{3},\ \mathbf{0},\ \mathbf{2})$ …答

2 $\vec{a}=(-2,\ 1,\ -1)$，$\vec{b}=(1,\ 0,\ 1)$ について，次の問いに答えよ。 ⮌ 32 38

（各8点　計16点）

(1) $\vec{a}$ と $\vec{b}$ のなす角 θ を求めよ。

$|\vec{a}|=\sqrt{(-2)^2+1^2+(-1)^2}=\sqrt{6}$，$|\vec{b}|=\sqrt{1^2+0^2+1^2}=\sqrt{2}$，

$\vec{a}\cdot\vec{b}=-2+0-1=-3$ だから

$$\cos\theta=\frac{\vec{a}\cdot\vec{b}}{|\vec{a}||\vec{b}|}=\frac{-3}{\sqrt{6}\cdot\sqrt{2}}=-\frac{\sqrt{3}}{2}$$　$0^\circ\leqq\theta\leqq180^\circ$ より　$\boldsymbol{\theta=150^\circ}$ …答

(2) $\overrightarrow{\mathrm{OA}}=\vec{a}$，$\overrightarrow{\mathrm{OB}}=\vec{b}$ とするとき，△OAB の面積 S を求めよ。

$$S=\frac{1}{2}\sqrt{|\vec{a}|^2|\vec{b}|^2-(\vec{a}\cdot\vec{b})^2}=\frac{1}{2}\sqrt{6\cdot2-(-3)^2}=\frac{\sqrt{3}}{2}$$ …答

［別解］ $S=\frac{1}{2}|\vec{a}||\vec{b}|\sin\theta=\frac{1}{2}\sqrt{6}\cdot\sqrt{2}\sin150^\circ=\frac{\sqrt{3}}{2}$

3 $\vec{a}=(-3,\ 5,\ -1)$，$\vec{b}=(2,\ -1,\ 1)$ のとき，$\vec{p}=\vec{a}+t\vec{b}$ について，次の問いに答えよ。

⮌ 38 （各9点　計18点）

(1) $|\vec{p}|$ の最小値とそのときの t の値 t_0 を求めよ。

$\vec{p}=(-3,\ 5,\ -1)+t(2,\ -1,\ 1)=(2t-3,\ -t+5,\ t-1)$ より

$|\vec{p}|^2=(2t-3)^2+(-t+5)^2+(t-1)^2=6t^2-24t+35$

$=6(t-2)^2+11$

$|\vec{p}|^2$ は $t=2$ のとき最小値 11 をとるから，$|\vec{p}|$ の**最小値** $\sqrt{\mathbf{11}}$ $(\boldsymbol{t_0=2})$ …答

(2) (1)で求めた t_0 について，$\vec{a}+t_0\vec{b}$ と $\vec{b}$ が垂直であることを証明せよ。

［証明］　$t_0=2$ より　$\vec{a}+t_0\vec{b}=\vec{a}+2\vec{b}=(1,\ 3,\ 1)$

$(\vec{a}+2\vec{b})\cdot\vec{b}=1\cdot2+3\cdot(-1)+1\cdot1=0$

したがって，$\vec{a}+2\vec{b}$ と $\vec{b}$ は垂直である。　［証明終わり］

4 空間ベクトル $\vec{a}$, $\vec{b}$ において，$|\vec{a}|=3$, $|\vec{b}|=2$, $|\vec{a}-\vec{b}|=\sqrt{19}$ のとき，次の問いに答えよ。
32 38
（各 6 点　計 18 点）

(1) $\vec{a}\cdot\vec{b}$ を求めよ。

$|\vec{a}-\vec{b}|^2=(\vec{a}-\vec{b})\cdot(\vec{a}-\vec{b})=\vec{a}\cdot\vec{a}-\vec{a}\cdot\vec{b}-\vec{b}\cdot\vec{a}+\vec{b}\cdot\vec{b}=|\vec{a}|^2-2\vec{a}\cdot\vec{b}+|\vec{b}|^2$

よって，$3^2-2\vec{a}\cdot\vec{b}+2^2=19$ より　$\boldsymbol{\vec{a}\cdot\vec{b}=-3}$ …答

(2) $\vec{a}$ と $\vec{b}$ のなす角 θ を求めよ。

$\cos\theta=\dfrac{\vec{a}\cdot\vec{b}}{|\vec{a}||\vec{b}|}=\dfrac{-3}{3\cdot 2}=-\dfrac{1}{2}$　　$0^\circ\leqq\theta\leqq 180^\circ$ より　$\boldsymbol{\theta=120^\circ}$ …答

(3) $\vec{a}+t\vec{b}$ と $\vec{a}-\vec{b}$ が垂直になるように，実数 t の値を定めよ。

$(\vec{a}+t\vec{b})\cdot(\vec{a}-\vec{b})=\vec{a}\cdot\vec{a}-\vec{a}\cdot\vec{b}+t\vec{b}\cdot\vec{a}-t\vec{b}\cdot\vec{b}=|\vec{a}|^2+(t-1)\vec{a}\cdot\vec{b}-t|\vec{b}|^2$

$=3^2-3(t-1)-t\cdot 2^2=12-7t$

$(\vec{a}+t\vec{b})\perp(\vec{a}-\vec{b})$ より　$(\vec{a}+t\vec{b})\cdot(\vec{a}-\vec{b})=0$　　よって　$\boldsymbol{t=\dfrac{12}{7}}$ …答

5 四面体 OABC と点 P が $3\overrightarrow{AP}+2\overrightarrow{BP}+\overrightarrow{CP}=\vec{0}$ を満たすとき，点 P と四面体 OABC の位置関係を調べよ。
39 43 44
（10 点）

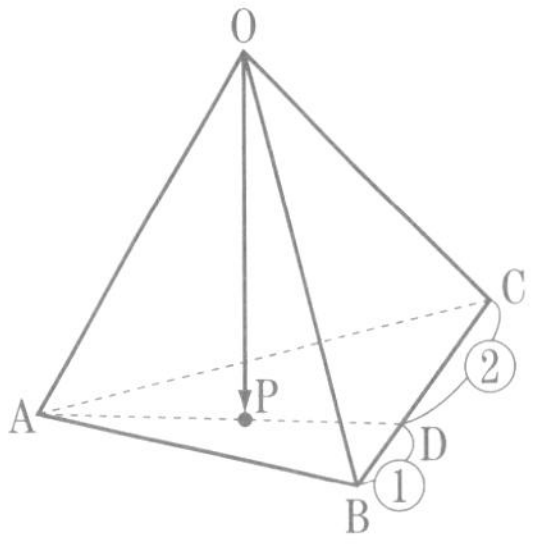

O を始点とする位置ベクトルを考え，$A(\vec{a})$, $B(\vec{b})$, $C(\vec{c})$, $P(\vec{p})$ とする。$3\overrightarrow{AP}+2\overrightarrow{BP}+\overrightarrow{CP}=\vec{0}$ より，

$3(\vec{p}-\vec{a})+2(\vec{p}-\vec{b})+(\vec{p}-\vec{c})=\vec{0}$ だから

$$\vec{p}=\frac{3\vec{a}+2\vec{b}+\vec{c}}{6}=\frac{3\vec{a}+3\left(\dfrac{2\vec{b}+\vec{c}}{3}\right)}{6}=\frac{\vec{a}+\dfrac{2\vec{b}+\vec{c}}{3}}{2}$$

$\dfrac{2\vec{b}+\vec{c}}{3}=\vec{d}$ とおくと，点 $D(\vec{d})$ は線分 BC を 1：2 に内分する点である。このとき，$\vec{p}=\dfrac{\vec{a}+\vec{d}}{2}$ より，点 P は線分 AD の中点であるから

線分 BC を 1：2 に内分する点を D とするとき，線分 AD の中点が P である。 …答

[注意]　$\vec{p}=\dfrac{\vec{b}+2\left(\dfrac{3\vec{a}+\vec{c}}{4}\right)}{3}$ より，「線分 AC を 1：3 に内分する点を E とするとき，線分 BE を 2：1 に内分する点が P である」などとしてもよい。

6 2 点 A(1, −2, 3), B(3, 2, 5) がある。
40 41 45
（各 6 点　計 18 点）

(1) 2 点 A，B を通る直線の方程式を媒介変数 t を使って表せ。

求める直線上の点を $P(x,\ y,\ z)$ とすると，$\overrightarrow{AP}=t\overrightarrow{AB}$ より，

$(x-1,\ y+2,\ z-3)=t(2,\ 4,\ 2)$ だから　$\boldsymbol{x=2t+1,\ y=4t-2,\ z=2t+3}$ …答

(2) 点 A を通り $\overrightarrow{OB}$ に垂直な平面の方程式を求めよ。

求める平面上の点を $P(x,\ y,\ z)$ とすると，$AP\perp OB$ だから，$\overrightarrow{AP}\cdot\overrightarrow{OB}=0$ より

$3(x-1)+2(y+2)+5(z-3)=0$　　$\boldsymbol{3x+2y+5z-14=0}$ …答

(3) 2 点 A，B を直径の両端とする球の方程式を求めよ。

$AP\perp BP$ だから，$\overrightarrow{AP}\cdot\overrightarrow{BP}=0$ より　$(x-1)(x-3)+(y+2)(y-2)+(z-3)(z-5)=0$

これを整理して　$\boldsymbol{(x-2)^2+y^2+(z-4)^2=6}$ …答

平方・平方根・逆数の表

n	n^2	$\sqrt{n}$	$\sqrt{10n}$	$\frac{1}{n}$	n	n^2	$\sqrt{n}$	$\sqrt{10n}$	$\frac{1}{n}$
1	1	1.0000	3.1623	1.0000	51	2601	7.1414	22.5832	0.0196
2	4	1.4142	4.4721	0.5000	52	2704	7.2111	22.8035	0.0192
3	9	1.7321	5.4772	0.3333	53	2809	7.2801	23.0217	0.0189
4	16	2.0000	6.3246	0.2500	54	2916	7.3485	23.2379	0.0185
5	25	2.2361	7.0711	0.2000	55	3025	7.4162	23.4521	0.0182
6	36	2.4495	7.7460	0.1667	56	3136	7.4833	23.6643	0.0179
7	49	2.6458	8.3666	0.1429	57	3249	7.5498	23.8747	0.0175
8	64	2.8284	8.9443	0.1250	58	3364	7.6158	24.0832	0.0172
9	81	3.0000	9.4868	0.1111	59	3481	7.6811	24.2899	0.0169
10	100	3.1623	10.0000	0.1000	60	3600	7.7460	24.4949	0.0167
11	121	3.3166	10.4881	0.0909	61	3721	7.8102	24.6982	0.0164
12	144	3.4641	10.9545	0.0833	62	3844	7.8740	24.8998	0.0161
13	169	3.6056	11.4018	0.0769	63	3969	7.9373	25.0998	0.0159
14	196	3.7417	11.8322	0.0714	64	4096	8.0000	25.2982	0.0156
15	225	3.8730	12.2474	0.0667	65	4225	8.0623	25.4951	0.0154
16	256	4.0000	12.6491	0.0625	66	4356	8.1240	25.6905	0.0152
17	289	4.1231	13.0384	0.0588	67	4489	8.1854	25.8844	0.0149
18	324	4.2426	13.4164	0.0556	68	4624	8.2462	26.0768	0.0147
19	361	4.3589	13.7840	0.0526	69	4761	8.3066	26.2679	0.0145
20	400	4.4721	14.1421	0.0500	70	4900	8.3666	26.4575	0.0143
21	441	4.5826	14.4914	0.0476	71	5041	8.4261	26.6458	0.0141
22	484	4.6904	14.8324	0.0455	72	5184	8.4853	26.8328	0.0139
23	529	4.7958	15.1658	0.0435	73	5329	8.5440	27.0185	0.0137
24	576	4.8990	15.4919	0.0417	74	5476	8.6023	27.2029	0.0135
25	625	5.0000	15.8114	0.0400	75	5625	8.6603	27.3861	0.0133
26	676	5.0990	16.1245	0.0385	76	5776	8.7178	27.5681	0.0132
27	729	5.1962	16.4317	0.0370	77	5929	8.7750	27.7489	0.0130
28	784	5.2915	16.7332	0.0357	78	6084	8.8318	27.9285	0.0128
29	841	5.3852	17.0294	0.0345	79	6241	8.8882	28.1069	0.0127
30	900	5.4772	17.3205	0.0333	80	6400	8.9443	28.2843	0.0125
31	961	5.5678	17.6068	0.0323	81	6561	9.0000	28.4605	0.0123
32	1024	5.6569	17.8885	0.0313	82	6724	9.0554	28.6356	0.0122
33	1089	5.7446	18.1659	0.0303	83	6889	9.1104	28.8097	0.0120
34	1156	5.8310	18.4391	0.0294	84	7056	9.1652	28.9828	0.0119
35	1225	5.9161	18.7083	0.0286	85	7225	9.2195	29.1548	0.0118
36	1296	6.0000	18.9737	0.0278	86	7396	9.2736	29.3258	0.0116
37	1369	6.0828	19.2354	0.0270	87	7569	9.3274	29.4958	0.0115
38	1444	6.1644	19.4936	0.0263	88	7744	9.3808	29.6648	0.0114
39	1521	6.2450	19.7484	0.0256	89	7921	9.4340	29.8329	0.0112
40	1600	6.3246	20.0000	0.0250	90	8100	9.4868	30.0000	0.0111
41	1681	6.4031	20.2485	0.0244	91	8281	9.5394	30.1662	0.0110
42	1764	6.4807	20.4939	0.0238	92	8464	9.5917	30.3315	0.0109
43	1849	6.5574	20.7364	0.0233	93	8649	9.6437	30.4959	0.0108
44	1936	6.6332	20.9762	0.0227	94	8836	9.6954	30.6594	0.0106
45	2025	6.7082	21.2132	0.0222	95	9025	9.7468	30.8221	0.0105
46	2116	6.7823	21.4476	0.0217	96	9216	9.7980	30.9839	0.0104
47	2209	6.8557	21.6795	0.0213	97	9409	9.8489	31.1448	0.0103
48	2304	6.9282	21.9089	0.0208	98	9604	9.8995	31.3050	0.0102
49	2401	7.0000	22.1359	0.0204	99	9801	9.9499	31.4643	0.0101
50	2500	7.0711	22.3607	0.0200	100	10000	10.0000	31.6228	0.0100

正規分布表

標準正規分布 $N(0,\ 1)$ に従う確率変数 Z において，$P(0 \leqq Z \leqq t)$ を $p(t)$ と表すと，$p(t)$ の値は右の図の色の部分の面積で，その値は次の表のようになる。

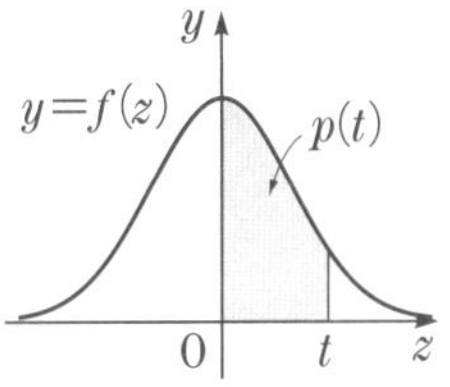

t	0.00	0.01	0.02	0.03	0.04	0.05	0.06	0.07	0.08	0.09
0.0	0.00000	0.00399	0.00798	0.01197	0.01595	0.01994	0.02392	0.02790	0.03188	0.03586
0.1	0.03983	0.04380	0.04776	0.05172	0.05567	0.05962	0.06356	0.06749	0.07142	0.07535
0.2	0.07926	0.08317	0.08706	0.09095	0.09483	0.09871	0.10257	0.10642	0.11026	0.11409
0.3	0.11791	0.12172	0.12552	0.12930	0.13307	0.13683	0.14058	0.14431	0.14803	0.15173
0.4	0.15542	0.15910	0.16276	0.16640	0.17003	0.17364	0.17724	0.18082	0.18439	0.18793
0.5	0.19146	0.19497	0.19847	0.20194	0.20540	0.20884	0.21226	0.21566	0.21904	0.22240
0.6	0.22575	0.22907	0.23237	0.23565	0.23891	0.24215	0.24537	0.24857	0.25175	0.25490
0.7	0.25804	0.26115	0.26424	0.26730	0.27035	0.27337	0.27637	0.27935	0.28230	0.28524
0.8	0.28814	0.29103	0.29389	0.29673	0.29955	0.30234	0.30511	0.30785	0.31057	0.31327
0.9	0.31594	0.31859	0.32121	0.32381	0.32639	0.32894	0.33147	0.33398	0.33646	0.33891
1.0	0.34134	0.34375	0.34614	0.34849	0.35083	0.35314	0.35543	0.35769	0.35993	0.36214
1.1	0.36433	0.36650	0.36864	0.37076	0.37286	0.37493	0.37698	0.37900	0.38100	0.38298
1.2	0.38493	0.38686	0.38877	0.39065	0.39251	0.39435	0.39617	0.39796	0.39973	0.40147
1.3	0.40320	0.40490	0.40658	0.40824	0.40988	0.41149	0.41309	0.41466	0.41621	0.41774
1.4	0.41924	0.42073	0.42220	0.42364	0.42507	0.42647	0.42785	0.42922	0.43056	0.43189
1.5	0.43319	0.43448	0.43574	0.43699	0.43822	0.43943	0.44062	0.44179	0.44295	0.44408
1.6	0.44520	0.44630	0.44738	0.44845	0.44950	0.45053	0.45154	0.45254	0.45352	0.45449
1.7	0.45543	0.45637	0.45728	0.45818	0.45907	0.45994	0.46080	0.46164	0.46246	0.46327
1.8	0.46407	0.46485	0.46562	0.46638	0.46712	0.46784	0.46856	0.46926	0.46995	0.47062
1.9	0.47128	0.47193	0.47257	0.47320	0.47381	0.47441	0.47500	0.47558	0.47615	0.47670
2.0	0.47725	0.47778	0.47831	0.47882	0.47932	0.47982	0.48030	0.48077	0.48124	0.48169
2.1	0.48214	0.48257	0.48300	0.48341	0.48382	0.48422	0.48461	0.48500	0.48537	0.48574
2.2	0.48610	0.48645	0.48679	0.48713	0.48745	0.48778	0.48809	0.48840	0.48870	0.48899
2.3	0.48928	0.48956	0.48983	0.49010	0.49036	0.49061	0.49086	0.49111	0.49134	0.49158
2.4	0.49180	0.49202	0.49224	0.49245	0.49266	0.49286	0.49305	0.49324	0.49343	0.49361
2.5	0.49379	0.49396	0.49413	0.49430	0.49446	0.49461	0.49477	0.49492	0.49506	0.49520
2.6	0.49534	0.49547	0.49560	0.49573	0.49585	0.49598	0.49609	0.49621	0.49632	0.49643
2.7	0.49653	0.49664	0.49674	0.49683	0.49693	0.49702	0.49711	0.49720	0.49728	0.49736
2.8	0.49744	0.49752	0.49760	0.49767	0.49774	0.49781	0.49788	0.49795	0.49801	0.49807
2.9	0.49813	0.49819	0.49825	0.49831	0.49836	0.49841	0.49846	0.49851	0.49856	0.49861
3.0	0.49865	0.49869	0.49874	0.49878	0.49882	0.49886	0.49889	0.49893	0.49896	0.49900
3.1	0.49903	0.49906	0.49910	0.49913	0.49916	0.49918	0.49921	0.49924	0.49926	0.49929
3.2	0.49931	0.49934	0.49936	0.49938	0.49940	0.49942	0.49944	0.49946	0.49948	0.49950
3.3	0.49952	0.49953	0.49955	0.49957	0.49958	0.49960	0.49961	0.49962	0.49964	0.49965
3.4	0.49966	0.49968	0.49969	0.49970	0.49971	0.49972	0.49973	0.49974	0.49975	0.49976
3.5	0.49977	0.49978	0.49978	0.49979	0.49980	0.49981	0.49981	0.49982	0.49983	0.49983
3.6	0.49984	0.49985	0.49985	0.49986	0.49986	0.49987	0.49987	0.49988	0.49988	0.49989
3.7	0.49989	0.49990	0.49990	0.49990	0.49991	0.49991	0.49992	0.49992	0.49992	0.49992
3.8	0.49993	0.49993	0.49993	0.49994	0.49994	0.49994	0.49994	0.49995	0.49995	0.49995
3.9	0.49995	0.49995	0.49996	0.49996	0.49996	0.49996	0.49996	0.49996	0.49997	0.49997